Nayeli Araiza Coronado

Uma perspetiva de geografia ambiental sobre o tráfico de droga no México

Nayeli Araiza Coronado

Uma perspetiva de geografia ambiental sobre o tráfico de droga no México

ScienciaScripts

Imprint

Cover image: www.ingimage.com

This book is a translation from the original published under ISBN 978-3-659-86915-0.

Publisher:
Sciencia Scripts
is a trademark of
Dodo Books Indian Ocean Ltd. and OmniScriptum S.R.L publishing group

120 High Road, East Finchley, London, N2 9ED, United Kingdom
Str. Armeneasca 28/1, office 1, Chisinau MD-2012, Republic of Moldova, Europe
Managing Directors: Ieva Konstantinova, Victoria Ursu
info@omniscriptum.com

Printed at: see last page
ISBN: 978-620-8-54207-8

Dedicatória e agradecimentos

Em primeiro lugar, gostaria de agradecer ao meu supervisor, Dr. Malcolm Fairbrother, pelo seu apoio e motivação contínuos durante a minha investigação e por me ter encorajado nesta área sensível da investigação.

Gostaria de estender uma gratidão especial ao Dr. David Puga Bolio, que me incentivou a prosseguir os meus estudos e me apoiou antes e durante a minha estadia na Universidade de Bristol.

Dedico também esta dissertação à minha família e aos meus amigos, sem os quais não teria conseguido fazê-lo. Estou extremamente grata a Luis Contreras Toledo por tudo o que fez por mim e pelo seu apoio constante durante este processo, especialmente apoiando-me nos momentos difíceis.

Por último, mas não menos importante, ao meu patrocinador, o Conselho Nacional para a Ciência e Tecnologia (CONACYT), que me apoiou financeiramente e me possibilitou estudar no estrangeiro.

Gostaria de agradecer à divisão da escola de Geografia e de agradecer especialmente a todos os membros do pessoal pelo seu apoio contínuo e por me terem prestado toda a assistência solicitada.

Índice

Introdução

Ao longo da última década, o tráfico de droga no México adquiriu uma nova dimensão. Como afirmam Maldonado (2013) e Robles et al (2013), tornou-se um fenómeno generalizado que traz ondas de violência para o país, cujas implicações são difíceis de medir e resultam num aumento da violência e da delinquência no México. De acordo com o Council on Foreign Relations (2014), a indústria do tráfico de droga gera 30 mil milhões de dólares americanos de lucros por ano e contrata quase meio milhão de pessoas; o tráfico de droga representa entre 3 e 4 por cento do PIB anual de 1,2 triliões de dólares americanos do México. Alguns estimam que estes números possam ser ainda mais elevados. Além disso, Camarena (2013) afirma que o tráfico de droga está avaliado em mais de 40 mil milhões de dólares americanos por ano, tendo em conta apenas as actividades realizadas no país, e tem mais de 25 milhões de consumidores (Schultze-Kraft, 2008).

As consequências do tráfico de drogas englobam perturbações sociais e violações dos direitos humanos, factores culturais e económicos, corrupção política e degradação ambiental. Esta investigação propõe que a abolição do programa de distribuição de terras *(reforma agrária)* - um programa destinado a impulsionar o desenvolvimento do sector rural - durante a década de 1970 acabou por ser um dos principais factores do aumento das culturas ilícitas, conduzindo assim ao tráfico de droga. Segundo Christodoulou (1990), não há solução para o conflito rural do subdesenvolvimento sem resolver a luta pela terra. É imperativo reconhecer e analisar o que e como as questões da terra podem ser consideradas como um dos principais factores de desencadeamento do tráfico de droga no México, dado que, nos últimos anos, em muitos estados do México, surgiu uma onda de violência; execuções, raptores, tiroteios e vinganças estão a tornar-se comuns na vida quotidiana dos mexicanos.

Apesar de o tráfico de droga remontar a 1950, só em meados dos anos setenta é que o negócio do narcotráfico assumiu uma estrutura operacional mais formalizada e, desde então, tem vindo a evoluir até se tornar o problema número um para o governo mexicano. No entanto, foi só no governo de Felipe Calderón (2006-2012), , que o governo declarou oficialmente guerra aos chefes da droga. Na campanha política de Calderón, ele enfatizou três objectivos: criar empregos, combater a pobreza e lutar contra o crime. Dias depois de tomar posse, Calderón lançou a *Operação Conjunta Michoacan* (Operacion conjunta Michoacan) como forma de combater o tráfico de drogas. Mais de 7.000 militares (USDS, 2007) foram enviados para a região para a vigiar; a ação de Calderon foi fortemente criticada por violar os direitos humanos. Como resultado, as organizações de narcotraficantes e os cidadãos lutaram para recuperar o controlo da área; fontes não oficiais relataram que durante a administração Calderon, só no estado de Michoacan, houve 13.592 mortes (Milenio, 2014).

Em 2012, de acordo com o Conselho Nacional de Avaliação da Política de Desenvolvimento Social (CONEVAL), 45,4% da população total do México vive na pobreza, tornando-se uma população suscetível de recorrer a culturas ilícitas. O atual abandono das zonas rurais por parte do governo, juntamente com a falta de apoio à produção, são um dos factores que levam os agricultores a passar das culturas legais para as ilícitas; não é de surpreender que as zonas com mais culturas de estupefacientes coincidam com as zonas de pobreza e desigualdade no México. Por conseguinte, o governo mexicano tem de compreender a raiz do problema, a fim de desenvolver melhores estratégias e, mais importante ainda, evitar repetir a história.

Atualmente, o preço pago a um produtor de estupefacientes é 300 vezes superior ao preço pago pelo milho. Segundo consta, um quilo de canábis custa 18 000 pesos mexicanos e um quilo de milho 2 000 pesos mexicanos, o que levou a um rápido crescimento da área dedicada ao cultivo de droga, que cobre mais de 5% do território do México (Sanchez e Sanchez, 2010).

Este trabalho apresenta, no Capítulo 1, um estudo aprofundado da reforma agrária, focando os seus benefícios e desvantagens para a população rural, especialmente desde a administração de Lopez Portillo. O Capítulo 2 apresenta um estudo do desenvolvimento da história do México em relação a factores históricos externos, como a Segunda Guerra Mundial e a história dos Estados Unidos, relacionados com o início do tráfico de droga no México. O Capítulo 3 apresenta uma análise da problemática do tráfico de droga numa perspetiva geográfica e ambiental, fornecendo dados sobre os antecedentes dos mais importantes chefes da droga. O Capítulo 4 aborda como e por que razão o programa de distribuição de terras pode levar ao estabelecimento da base do tráfico de droga devido a um aumento das culturas ilícitas durante as décadas de 1970 e 1980.

Capítulo 1

1. Contexto do sector rural no México durante a década de 1970

1.1 Panorama histórico da Reforma Agrária

A história do programa de distribuição de terras remonta a 1910 com a Revolução Mexicana; um período em que o sector rural se tornou o foco dos revolucionários com o lema *Terra e Liberdade e terra para quem a trabalha* (Vargas-Hernandez, 2005), que ainda é o lema de milhões de agricultores.

O principal objetivo da Reforma Agrária era devolver às populações rurais o que lhes é devido - a terra - (Warman, 2001; Kehoe, 2010), a fim de alcançar a segurança alimentar e a autonomia da produção. O argumento do governo era que o México deveria tornar-se um "país agrícola" e, para isso, a população rural precisava de terra para trabalhar. Em 1920, teve início um programa maciço de redistribuição de terras *(Reforma Agrária)* que promoveu a disponibilização de hectares de terra à população rural com a condição de a utilizarem para a colheita de produtos em bruto, como milho, trigo, sorgo, arroz, sementes de algodão, girassol, sésamo e cevada (Sanchez, 2010). No entanto, se as parcelas não fossem cultivadas durante dois anos consecutivos, o governo mantinha o poder de recuperar as terras (De Vany e Sanchez, 1997)

De acordo com os artigos 44°, 63°, 73° e 76° da Lei Agrária (Ley Agraria), as terras do México estavam divididas entre "terras comuns", compostas por florestas, terras não destinadas a serem utilizadas produtivamente e parcelas de terra para assentamento humano. A cada pessoa não era atribuído mais de 100 hectares, uma lei que prevalece até aos dias de hoje. Além disso, foi concedido à população rural o direito de requerer terras e o governo foi obrigado a atender a qualquer pedido. O programa também concedia a concessão de terras para uso produtivo, mas não dava o direito de posse sobre elas, desta forma o governo procurava evitar "concentrações de terras" num só indivíduo, como aconteceu no final do século XIX. Infelizmente, com o passar do tempo, à medida que a população aumentava, a terra disponível para redistribuição diminuía, assim como a qualidade.

O programa de distribuição de terras ou *reforma agrária* data de 1920 a 1992 e estabeleceu a classificação atual das terras, que se divide entre propriedade privada e propriedade *ejidal* (Appendini e Torres, 2008). *Os ejidos* são definidos como comunidades locais centradas em parcelas de terra trabalhadas com agricultores locais com o objetivo de alcançar a segurança alimentar. Durante esse período, cerca de 100 milhões de hectares foram redistribuídos entre a população rural, o que equivale a quase metade de todo o território mexicano.

Analisando a literatura, encontram-se muitas inconsistências em relação ao número de terras distribuídas, ao número de ejidos criados e ao número de beneficiários do programa governamental, o que torna ainda mais difícil desvendar os factores que, em conjunto, desencadeiam o problema das culturas ilícitas. De acordo com as Resoluções Presidenciais (Resoluciones Presidenciales) de 1991, foram criados 30 000 ejidos, beneficiando 3,1 milhões de famílias. No entanto, de acordo com o relatório do Censo Agrícola, o número de famílias beneficiárias era de 3,5 milhões. Bobinska (1972) referiu que o número de terras distribuídas entre 1915 e 1965 foi de 52,2 milhões de hectares e Warman (2001) referiu que o número ascendeu a 100 milhões de hectares entre 1911 e 1992, o que corresponde a quase metade do território do México. Além disso, no período de 1970 a 1980, verificou-se uma inconsistência nos números oficiais comunicados (ver quadros 2 e 3 dos apêndices), o que sugere que o governo comunicava números superiores aos que efetivamente atribuía; curiosamente, esses números coincidem com os anos em que o programa estava a ser suprimido. Nessa altura, 70 por cento da população ainda vivia sob o conceito de propriedade social, uma ideia que não estava de acordo com os princípios da reforma agrária. Estes números tentam refletir a complexidade da redistribuição de terras que não conseguiu assegurar o bem-estar da população rural, ou seja, a reforma agrária não conseguiu responder de forma eficaz e equitativa à transformação demográfica mexicana (Warman, 2001). No entanto, durante a primeira fase do programa de distribuição de terras, havia incerteza quanto à propriedade da terra

Durante a administração do antigo presidente Lázaro Cárdenas (1934-1940), o programa de distribuição entrou em pleno vigor, eliminando efetivamente o sistema de propriedade da *hacienda* e criando as comunidades rurais denominadas *ejidos* (ver gráfico 2 em anexo) (Vargas-Hernandez, 2005; Verduzco, 1984). É importante salientar que estas terras não podiam ser transferidas, vendidas, arrendadas, hipotecadas ou acumuladas. As terras *ejidais* eram concedidas individualmente às famílias com base no direito de propriedade clássico do usufruto.

Durante a administração de Cardenas, a política rural baseou-se numa estratégia de controlo dos preços através do monopólio estatal das importações agrícolas, de preços garantidos e de empresas paraestatais que apoiavam subsídios para fertilizantes, sementes e seguros agrícolas (Zarazua et al, 2011). As despesas com irrigação, crédito ao sector agrícola, comunicações e obras públicas aumentaram de 20-25% para 37-40% do orçamento público (Kehoe et al, 2010). No entanto, em 1952, estas despesas tinham aumentado para 46,9 por cento. Além disso, durante o governo de Cárdenas, ele acelerou o processo agrário ao distribuir 18,8 milhões de hectares de terra à população rural. Os seus sucessores, Avila Camacho e Miguel Aleman, continuaram a tendência, embora a um ritmo mais lento, distribuindo 7,3 e 4,6 milhões de hectares, respetivamente.

Desde o início da Reforma Agrária, o sector rural conheceu melhorias. Os ejidos foram concebidos como a base da produção de alimentos para as cidades e como produtores de matérias-primas para exportação. Entre 1934 e 1940, a distribuição de terras foi orientada para o desenvolvimento capitalista baseado na produção agrícola. No entanto, durante as administrações de Avila Camacho (1940-1946) e Miguel Aleman (19461952), as terras improdutivas foram distribuídas principalmente com conotações políticas, favorecendo os grandes agricultores e aumentando o fosso entre ricos e pobres, zonas urbanas e rurais.

O gráfico 1 mostra que, durante a administração de Lázaro Cárdenas, 50,2% do total de terras distribuídas eram "terras de irrigação", consideradas de melhor qualidade para fins agrícolas. Em contraste, entre 1965 e 1970, 66,2% das terras de pastagem, ou *agostadero* em espanhol, foram distribuídas; que é a terra que, devido à sua condição natural, topografia e qualidade, é bom para colher naturalmente forragem para o gado e vida selvagem, portanto, não é considerado para fins agrícolas (SAGARPA, 2014).

Gráfico 1. Afetação das terras por tipo e período

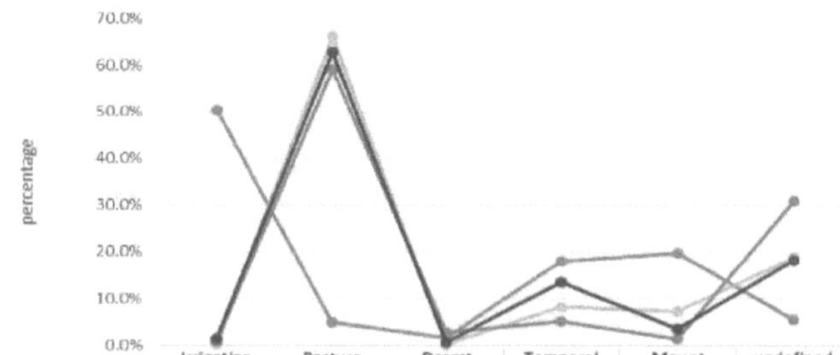

	Irrigation	Pasture	Desert	Temporal	Mount	undefined
1935-1940	50.2%	5%	1.60%	18%	19.7%	5.5%
1965-1970	0.3%	66.2%	0.3%	8.2%	7.2%	18.8%
1971-1976	0.9%	59%	2.7%	5.1%	1.3%	31%
1977-1982	1.3%	62.7%	0.7%	13.6%	3.5%	18.3%

Fonte: Secretaria da Reforma Agrária, direção geral de informação e documentação agrícola

Em 1943, o governo mexicano trabalhou em colaboração com organizações internacionais para desenvolver um programa chamado *Revolução Verde*, cujo objetivo declarado era impulsionar as actividades rurais e agrícolas (Vargas-Hernandez, 2005; Pare, 1982). Entre 1945 e 1952, a produtividade agrícola cresceu devido à margem substancial extensiva e não a um maior rendimento por hectare, mas no período de 1952 a 1956 a situação alterou-se com o aumento da procura nacional e internacional.

Olhando para o quadro geral, o México registou um crescimento económico entre 1958 e 1970, um período conhecido como Desenvolvimento Estabilizador (Desarrollo Estabilizador) que levou a um crescimento normal até à crise de 1982, (Kehoe et al, 2010). Durante esse período, o modelo de *industrialização por substituição de importações* (ISI) foi implementado, favorecendo a produção de produtos agrícolas como frutas, legumes e gado destinados ao consumo urbano. Adicionalmente, isto ajudou a abrir o mercado nacional ao investimento estrangeiro, contribuindo para a introdução de infra-estruturas agrícolas modernas (Vargas-Hernandez, 2005). No entanto, no aspeto micro, muitos pequenos agricultores não tiveram acesso a esses incentivos e foram relegados para o cultivo tradicional de cereais básicos utilizados para consumo pessoal a níveis de subsistência.

Ao longo dos anos, foram criados organismos financeiros para apoiar a economia nos sectores rurais, como o Banrural em 1935, o CONASUPO em 1962 e a Anagsa em 1963, que eram os organismos encarregados de mediar a relação entre o governo e os agricultores no que diz respeito aos subsídios concedidos durante esse período. Infelizmente, na sua maioria, não passaram de instrumentos corrompidos para exercer um controlo político e económico sobre o sector rural, uma vez que os subsídios nunca chegaram às populações rurais. Como resultado, de 1976 a 1982 a política agrária centrou-se na recuperação da autossuficiência alimentar perdida como resultado de uma política inconsistente implementada desde 1940, cujo objetivo era proteger os interesses da burguesia agrária; no gráfico 3 dos anexos mostra-se como, mesmo quando a distribuição de terras não estava a ter um impacto significativo na qualidade de vida dos agricultores, entre 1965 e 1970 foi distribuída a maior quantidade de terras (Pare, 1982).

É verdade que a industrialização trouxe um estado de prosperidade à nação, mas estes benefícios não se traduziram no sector rural; o crescimento industrial foi apoiado pela migração do campo para as cidades. O crescimento industrial foi apoiado pela migração do campo para as cidades, o que deixou os campos nas mãos de poucos, geralmente grandes proprietários que podiam pagar tais investimentos, ou pequenos agricultores que abandonaram as suas parcelas à procura de uma melhor qualidade de vida noutro lugar (gráfico 2). A este respeito, muitos académicos questionaram se o objetivo da reforma agrária de distribuir terras lhes permitia de facto cumprir o seu objetivo de subsistência familiar; a sua crítica centra-se na ineficiência e na baixa produtividade do sector rural nesse período (Vargas-Hernandez, 2005; Warman,

2001).

Gráfico 2. Percentagem da população por residência, 1910- 2010

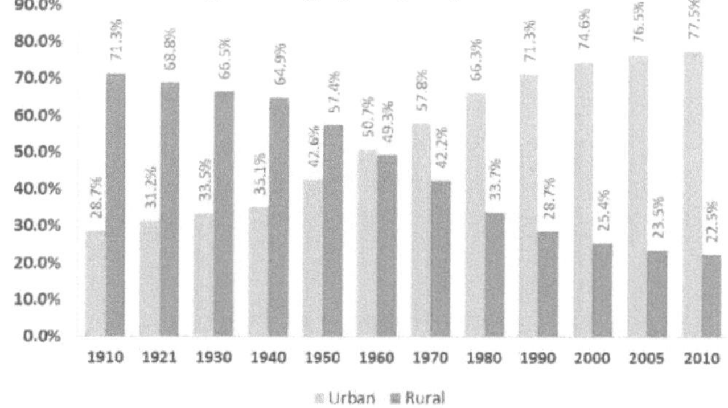

Fonte: Instituto Nacional de Estatística e Geografia (INEGI), Projecções da População do México, 2005-2050. INEGI, Estatísticas do México, 2009

A realidade do sector contrastava com a imagem promovida pelos *programas compensatórios,* impulsionados pelos organismos financeiros do Estado, que se traduziam apenas em subsídios mal atribuídos, utilizados como contribuições para beneficiários privados, como nos subsídios à água e à eletricidade (Binswanger e Deininger, 1997).

1.2 Crise do sector agrícola, a década negra dos anos 50

A partir de 1950, a figura 3 mostra que, enquanto o PIB do sector agrícola começou a diminuir, outros sectores contribuíram aproximadamente com o mesmo montante para o PIB, o que pode refletir mais uma falta de interesse na agricultura do que um ajuste financeiro entre esses sectores (Kehoe et al, 2010). É de salientar que, ao mesmo tempo, o governo defendia a assistência prestada ao sector rural através dos seus programas. É evidente que houve discrepância; neste caso, pode argumentar-se que a corrupção levou a que uma fração do orçamento atribuído chegasse ao seu destino final e, na maioria das vezes, caiu nas mãos de grandes proprietários de terras ou de pessoas com laços políticos estreitos.

Figura 1. Composição do PIB no México

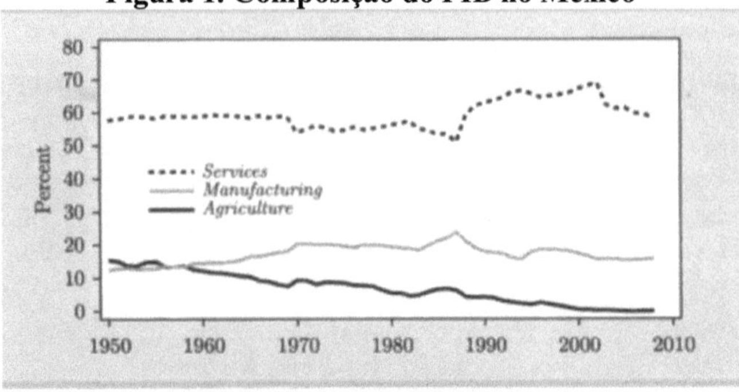

Fonte: Kehoe et al, 2010

Como referido, a partir de 1950 surgiram os primeiros sinais de prejuízo do sector rural; o governo começou a investir mais em infra-estruturas como a indústria petrolífera, estradas e educação. Kehoe et al (2010) compararam o desenvolvimento do México com o dos Estados Unidos e de outras nações, concluindo que, no período de 1950-1981, o México cresceu mais do que os seus vizinhos graças à implementação de políticas que incentivaram a industrialização, a urbanização, a saúde e a educação, mas negligenciaram o sector rural; a agricultura estava em declínio enquanto o México crescia de forma constante.

O crescimento demográfico, a localização geográfica e as redes políticas estabeleceram os requisitos informais para dotar os agricultores de ejidos; a distribuição de terras foi efectuada de forma desigual em termos de dimensão e qualidade, reforçando as desigualdades existentes entre os agricultores (Vargas-Hernandez, 2005; Pare, 1982). Como consequência da má distribuição de terras, no final de 1960, 50 por cento da população rural era constituída por pequenos agricultores que possuíam pequenas parcelas cultiváveis[1] que não constituíam uma verdadeira fonte de subsistência, principalmente devido ao tamanho, à má qualidade do solo e à falta de assistência técnica ou de apoio creditício (Warman, 2001; Torres, 1994).

[1] Pulverização, o termo é utilizado para designar o desmembramento dos ejidos

Durante a administração do ex-presidente Luis Echeverria (1970-1976), o sector agrícola enfrentou uma crise de produção; ao contrário do período de 1940-1965, quando a produção agrícola cresceu 5% ao ano, enquanto a população cresceu 3,5%, em 1976 a produção diminuiu 2,8%. Esta situação culminou com a importação de mais de doze milhões de toneladas de cereais, para os quais foram gastos 16,5 por cento do total das receitas da venda de petróleo ao estrangeiro. Simultaneamente, o açúcar deixou de ser uma fonte de divisas, uma vez que o México começou a importar mais do que exportava (Pare, 1982; Zamora, 2011). Mais de metade do abastecimento interno de cereais provinha de importações, deixando 57% da população mexicana em situação de pobreza extrema. O igualitarismo promovido pela Reforma Agrária não pôde ser mantido ao longo do tempo e a pulverização também estava a aumentar as desigualdades. Lustig (1987) afirmou que a população mexicana estava a viver na pobreza e com muitas necessidades básicas insatisfeitas.

Ao mesmo tempo, entre 1970 e 1976, registou-se um grande descontentamento civil instigado por agricultores pobres e pessoas sem terra, sem emprego alternativo ou trabalhadores mal pagos, que exigiam uma distribuição de terras de qualidade. Até Echeverria, a distribuição de terras era feita tendo em conta os interesses dos grandes agricultores, o que significava que até os baldios semi-desérticos, as terras públicas ou as florestas tropicais estavam a ser distribuídas (Pare, 1982). Alguns exemplos de tais movimentos foram: a *Coordinadora Nacional Plan de Ayala, o Consejo Nacional de Pueblos Indigenas, a Union Nacional de Comites Agrarios* que faz parte da CIOAC,

No final da década de 1970, era evidente a necessidade de novas políticas para o sector agrícola, a fim de estimular o desenvolvimento rural; os agricultores não podiam vender ou arrendar terras e os investidores privados eram os únicos a tirar partido dos investimentos públicos, tais como programas de irrigação e infra-estruturas (Vargas-Hernandez, 2005). Duas administrações tentaram impulsionar o sector agrícola através da intervenção na estrutura económica, segundo o modelo designado por *desenvolvimento partilhado.* Entre 1966 e 1979, a produtividade agrícola diminuiu e, no final do processo de redistribuição de terras, no final dos anos 70, a terra disponível para a colheita começou a tornar-se escassa e a dar rendimentos cada vez mais baixos (figura 1). A falta de humidade, a vulnerabilidade às pragas, o aumento do uso excessivo de fertilizantes, a falta de fertilidade do solo e o uso de terras inclinadas foram os principais factores (Yunez, 2010).

Em 1978, foram descobertas jazidas de petróleo, o que impulsionou a economia nacional. Como resultado direto, o antigo presidente Lopez Portillo impulsionou a criação de programas de investimento público destinados a expandir a indústria petrolífera. Consequentemente, as infra-estruturas públicas, a saúde pública e os serviços de educação tornam-se as áreas prioritárias do governo. Uma parte fundamental da política agrária durante a sua administração foi o encerramento da fase de distribuição de terras; López Portillo argumentou que o problema não era a posse, mas a produtividade, pelo que a distribuição de mais terras só levaria à pulverização e à ineficiência. De qualquer forma, restavam poucas terras produtivas para distribuir (Pare, 1982). Isto acabou com os objectivos da reforma agrária *na prática* e induziu um aumento dos níveis de pobreza no sector rural. No entanto, em 1981, as exportações de petróleo sofreram um declínio, levando a um défice de 14,7%, que aumentou para 17,6% em 1982. Simultaneamente, a dívida externa aumentou para 58,9 mil milhões de dólares americanos, o que resultou na crise económica de 1982 (Alba, 1998).

Em resumo, entre 1945 e 1976, o sector agrícola cresceu a uma taxa média de 3,8 por cento. No entanto, no período de 1982 a 1989, a despesa pública diminuiu 67%, desde a criação do NAFTA em 1994 o sector cresceu apenas 1,8 % e, a partir de 2008, a sua taxa de crescimento diminuiu para 2% (Vargas-Hernandez, 2005; Bartra, 2010; Appendini et al, 2006).

1.3 Crise económica de 1982

Depois de um período de expansão e crescimento económico, devido em parte à descoberta de grandes reservas de petróleo, o México sofreu um dos mais graves colapsos económicos da sua história, provocado tanto pela subida das taxas de juro como pela descida dos preços do petróleo, a par do desequilíbrio interno (Lustig, 1987). A estratégia de regulação adoptada pelo governo para proteger os grandes agricultores contra a diminuição da produção, os subsídios, as licenças de importação, as barreiras tarifárias ao comércio e o modelo de industrialização por substituição de importações contribuíram para os desequilíbrios financeiros da nação e intensificaram a crise económica. Como resultado, a dívida externa cresceu para mais de 50 por cento do PIB. Em setembro de 1982, deu-se o desastre e o governo assumiu o controlo de vários bancos (Alba, 1998; Vargas-Hernandez, 2005).

Quando Miguel de la Madrid assumiu o cargo, em 1982, o país estava mergulhado numa das piores crises financeiras que tinha vivido. Tentou reverter a crise lançando programas como o *Programa de Reestruturação Económica Imediata* (PIRE) e o *Pacto de Solidariedade Económica* (PSE), entre outros, destinados a reduzir as despesas públicas em todos os sectores (Vargas-Hernandez, 2005). O novo modelo económico baseava-se na liberalização do comércio com uma diminuição da intervenção do Estado. O objetivo destas novas políticas era modernizar o sector agrícola, incorporando-o numa economia orientada para o mercado e desregulamentando os preços agrícolas. De 1982 a 1988, o governo iniciou vários ajustamentos estruturais, começando pela redução das despesas públicas em todos os sectores, a fim de garantir a estabilização económica. No entanto, o sector rural foi o mais afetado (Vargas-Hernandez, 2005).

Como resultado das novas políticas estabelecidas e da preferência dada à população urbana nos anos anteriores, a população rural foi excluída dos programas de bem-estar em áreas como a educação e os cuidados de saúde, bem como da participação democrática (Vargas-Hernandez, 2005). A população rural foi subalternizada no sentido macroeconómico, o que resultou numa crise agrícola que abrandou a produção e tem vindo a diminuir periodicamente desde então (Appendini e Luca, 2009; OCDE, 2011).

O sector rural vivia um período de rápida deterioração. Para contrariar esta situação, durante a administração do antigo presidente Carlos Salinas de Gortari, foram criados programas governamentais para compensar os efeitos negativos do modelo económico neoliberal em vigor no sector rural. Por exemplo, em 1988, foi criado o *Programa Nacional de Solidariedade e Desigualdade* (PRONASOL) como forma de combater a pobreza, dotando as comunidades locais de infra-estruturas e de pequenos subsídios económicos (Appendini et al, 2008). A 16 de abril de 1991 foi criada a *Agência de Serviços para a Comercialização e Desenvolvimento dos Mercados Agrícolas* (ASERCA) com o objetivo de uniformizar os preços de mercado entre os grandes agricultores e as instituições de apoio à comercialização. No entanto, não representou a compensação necessária para garantir os preços, uma vez que só foi aplicada em áreas com excedentes de produção (Zarazua, 2011).

A 2 de janeiro de 1992, Salinas de Gortari declarou oficialmente o fim da Reforma Agrária, afirmando que não havia mais terras disponíveis para redistribuir. Começou então a promover programas de reorientação, começando pela reforma do artigo 27 da Constituição; meses depois, foram também aprovadas a Lei Agrária e a Lei Florestal (Warman, 2001). Com a reforma, a intervenção do Estado foi reduzida, o crédito público diminuiu e as instituições para-estatais que visavam devolver aos agricultores o papel de produtores ou dar apoio financeiro foram dissolvidas (Pare, 1982; Zamora, 2011). Mais importante ainda, concedeu às populações rurais o direito de propriedade sobre a terra, quebrando a ligação entre o Estado e o camponês; a autoridade foi descentralizada e, em seu lugar, foram criados representantes nas comunidades locais.

1.4 Estabelecimento do novo modelo informal

O México, desde o início das reformas, tinha como objetivo ser um país agrícola. De acordo com o censo de 1910 elaborado pelo INEGI 71,3% da população total vivia no sector rural, estados como Jalisco, Puebla, Veracruz, Oaxaca e Guanajuato tinham mais de um milhão de pessoas. Em 1938, com a expropriação do petróleo, o México viveu uma intensa fase de industrialização, muitos produtos que antes eram importados passaram a ser produzidos internamente; e os agricultores que ainda não tinham acesso à terra se deslocaram para as áreas urbanas em busca de trabalho (figura 2). De acordo com Solis (2000), entre 1928 e 1950, o PIB do sector agrícola cresceu a uma média de 3,9% ao ano, contra um PIB total de 4,0% ao ano. Este facto realça a importância do sector agrícola (Kehoe et al, 2010).

Figura 2. População urbana no México

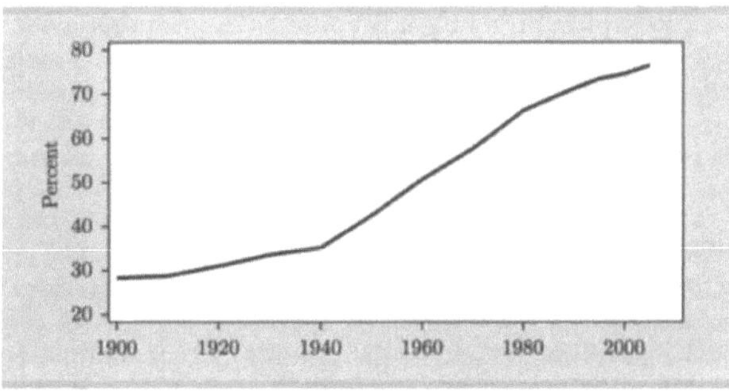

Fonte: Kehoe et al, 2010

No México, entre 1940 e 1960, mais de metade da população ainda vivia em zonas rurais em estados como Jalisco, Michoacan, Puebla e Veracruz, mas entre 1970 e 1990, com o fim da reforma agrária e a deterioração do sector rural, menos de metade permanecia nas zonas rurais, e estas eram substancialmente mais pobres do que a média nacional.

Os programas e subsídios agrícolas não foram concebidos para acompanhar os ciclos naturais de sementeira e as estações das chuvas, o que levou à degradação das terras de cultivo devido ao uso excessivo de agroquímicos utilizados para compensar a erosão causada pelo uso constante da terra. Além disso, o preço de venda das colheitas não era suficiente para garantir a autossuficiência económica e a população rural dos ejidatarios estava a envelhecer[2]. De acordo com Zamora (2011), tudo isso resultou em mudanças graduais no mercado de trabalho rural, que migrou para o cultivo de drogas (JIFE, 2011; Gomez, 2005) ou para a venda de terras (INEGI, 2007), lançando assim as bases de novos modelos de trabalho para o sector agrícola. Por sua vez, para sobreviverem, os agricultores tiveram de recorrer ao arrendamento, à venda ou à entrega das suas parcelas *de ejidales*; na melhor das hipóteses, os pequenos agricultores podiam associar-se aos grandes proprietários (Bustamante, 1994).

Em consequência, houve uma migração de terras sazonais[3] para terras agrícolas comerciais; os agricultores viajaram pelo país seguindo os ciclos de colheita, como o do tomate. Além disso, reforçou a migração para as zonas urbanas da população rural à procura de oportunidades de emprego na construção civil e no serviço doméstico, entre outras áreas (Appendini, 2008; Bueno, 1994; Arizpe, 1983).

Zamora (2011) descreve a estratégia de sobrevivência dos agricultores pobres:

> As condições de trabalho dos trabalhadores agrícolas são cada vez mais difíceis. Por exemplo, o horário de trabalho dos trabalhadores agrícolas no cultivo do tomate começa a partir das cinco horas da manhã, esperando no mercado para serem contratados; os contratos são um acordo oral em que o preço do dia de trabalho é negociado de acordo com a tarefa a realizar. Na ausência de normas mínimas de segurança, os trabalhadores rejeitam frequentemente as tarefas de fumigação, pois se lhes acontecer alguma coisa, o empregador não tem qualquer obrigação para com o agricultor. O salário varia consoante o ciclo das colheitas e geralmente não é suficiente para compensar a viagem, a alimentação, o alojamento e o que sobra para enviar à família. Um agricultor diz que "a terra já não dá mais, por isso é preciso ir para onde há

---

[2] 50% dos 4.210.830 ejidatarios tinham mais de 55 anos (INEGI, 2007)

[3] As terras sazonais só podem ser trabalhadas durante a estação das chuvas devido à falta de irrigação.

trabalho para poder mandar algum dinheiro para a família em Guerrero"[4] .

É importante ter em conta que os povos indígenas, que falam uma das 89 línguas nativas do México (INEGI, 2010), são os mais marginalizados - mesmo entre os agricultores pobres - com menos acesso à educação e às condições de saúde. Oito em cada dez índios são extremamente pobres (Banco Mundial, 2010), obrigados a migrar para as zonas urbanas ou mesmo para outros países. A migração está a remodelar a sua identidade cultural, resultando na perda de tradições e costumes (Bartra, 2010), bem como no abandono das terras aráveis. Esta migração ocorreu principalmente nos estados de Zacatecas, Michoacan, Jalisco e Guanajuato (Unger, 2005).

Durante uma conferência das Nações Unidas (2003), Stavenhagen afirmou que "uma das principais razões de conflito no México é a terra; cada vez mais os agricultores são forçados a procurar emprego como mão de obra agrícola nas zonas urbanas ou a emigrar para países estrangeiros devido à falta de políticas de apoio ao sector rural durante a última década. Nalgumas zonas, os agricultores não têm segurança jurídica quanto à posse da terra". Os indígenas que não falam espanhol lutam para obter os benefícios da reforma agrária. Além disso, a sua pobreza e isolamento geográfico levam ao envolvimento em actividades ilegais e violência (Zamora, 2011).

[4] Relato de um agricultor que encontrou trabalho em Atlatahuacan, Morelos.

Capítulo 2

2. O tráfico de droga no México desde 1970

2.1 História entrelaçada do México e dos Estados Unidos

É difícil determinar uma data para o início do tráfico de droga no México. No entanto, muitos académicos (Grillo, 2011; Enciso, 2009; Hernandez, A., 2010; Maldonado, 2013) dedicaram a sua investigação ao estudo do desenvolvimento do tráfico a partir de diferentes abordagens. Isto permite-nos estabelecer ligações históricas entre actividades políticas e acontecimentos históricos diferentes, como o movimento hippie nos Estados Unidos e a guerra do Vietname, que podem ser relacionados com a história do tráfico de droga no México.

Enciso (2009) fala de como o estabelecimento de políticas internacionais no contexto nacional pode ter resultado em mudanças culturais na sociedade rural. É sabido que a história do México está intimamente ligada à dos Estados Unidos, e o tráfico de droga não é exceção. Por exemplo, em 17 de dezembro de 1914, foi aprovada nos Estados Unidos a lei Harrison Narcotics Tax Act, que estabelecia um imposto especial sobre "todas as pessoas que produzissem, importassem, fabricassem, compusessem, negociassem, dispensassem, vendessem, distribuíssem ou dessem ópio ou folhas de coca, os seus sais, derivados ou preparações, e para outros fins" (CFR, 2014b). Na sequência desta lei, em 1920, o México declarou a marijuana ilegal, colocando-o um passo à frente da guerra contra os estupefacientes dos Estados Unidos, que só aprovaram uma lei semelhante em 1937 (EL Universal, 2014). No entanto, o tráfico de droga não tinha o contexto político que enfrenta atualmente e não era considerado o problema número um da nação.

Em meados do século XX, enquanto o México se concentrava em impulsionar o desenvolvimento industrial, os agricultores tentavam sobreviver; ao mesmo tempo, os Estados Unidos preocupavam-se com o contrabando de substâncias estupefacientes, colocando os estados da fronteira México-EUA no centro das atenções (Serrano, 2007).

O jornalista Grillo afirma no seu livro El Narco (2011) um suposto pacto entre os Estados Unidos e o México durante 1940 e 1945 para contrabandear marijuana do México para os Estados Unidos, porque o governo dos EUA precisava de substâncias narcóticas para elaborar morfina para as tropas americanas que estavam em combate durante a Segunda Guerra Mundial; o alegado pacto prevaleceu até ao fim da Guerra do Vietname, por volta de 1973 (Hernandez, 2010; Musto, 1987, Sandos, 1984). Devido à Segunda Guerra Mundial, as rotas de abastecimento da Turquia fecharam, pelo que os Estados Unidos se voltaram para Sinaloa, que tinha uma localização geográfica conveniente, para obter novos abastecimentos. Independentemente de o pacto ser verdadeiro ou não, é um facto que, a partir de 1940, surgiram os primeiros sinais de culturas ilícitas como forma de complementar os rendimentos dos agricultores (Smith, 2013; Serrano, 2007; Grillo, 2011; Sanchez e Sanchez, 2010) e, nesta tese, será analisada a possível razão para tal. Em 1943, as agências norte-americanas relataram que a produção de marijuana triplicou no México; das seis toneladas produzidas, apenas menos de metade do quilo foi confiscado (Serrano, 2011)

2.1.1 Sinaloa, o ponto de partida do tráfico de droga no México

Académicos e jornalistas (Smith, 2013; Rodriguez, 2011) estabeleceram que Sinaloa foi o ponto de partida do tráfico de droga no México. Senhores da droga como Joaquin El Chapo Guzman, Rafael Caro Quintero e os irmãos Beltran Leyva nasceram todos no estado de Sinaloa.

Benjamin Smith (2013) descreve como, durante 1940, as culturas ilícitas se tornaram a base da economia de Sinaloa e não os benefícios da reforma agrária. Além disso, Smith afirma que, graças ao dinheiro branqueado da droga, os grandes proprietários de terras estavam livres de qualquer risco de expropriação de terras agrícolas, o que lhes permitia dispor de muitas terras para culturas ilícitas, e os agricultores médios, também conhecidos como *rancheiros,* tornaram-se o canal de distribuição graças às suas capacidades empresariais, o que pode ser considerado como a primeira estrutura *de narco-negócio.* Ao mesmo tempo, foram criadas novas redes políticas; o Estado utilizou o dinheiro obtido com o narcotráfico para dissuadir a insatisfação dos rancheros de direita, que eram contra a distribuição de terras, e para agradar aos antigos radicais (Smith, 2013). Não obstante, em 1970 o governo subjugou os grupos radicais através de uma alegada droga contra a guerra.

Muitos historiadores argumentam que a estabilidade do México não se baseou no poder supremo da federação (que se divide em poderes executivo, legislativo e judicial), mas cresceu na sociedade de base desenvolvida através de iniciativas como o *agrarismo* e *o indigenismo* (Joseph et al, 1994; Vaughan, 1997; Boyer, 2003; Dawson, 1998). Neste contexto, o controlo governamental assentava em autoridades regionais descentralizadas mas cooperantes, cujos interesses locais estavam em constante mutação (Rubin, 1997; Smith, 2009); consequentemente, cada região era administrada de forma semi-independente e a distribuição de terras era feita de forma única.

Por volta de 1967, enquanto o contrabando de substâncias estupefacientes, como o ópio e a marijuana, se estabelecia em Sinaloa, para colocar a questão em perspetiva, cerca de 80% do total das culturas são ilícitas e apenas 20% são de milho e foram para cobrir as culturas mais expostas (Davila, 2011); nos Estados Unidos, o movimento hippie estava a criar uma procura de marijuana. Grillo (2011) e Serrano (2007) observam como os estados vizinhos, como Sonora, Durango, Jalisco e Chihuahua, sofreram uma transformação no sector agrícola, uma vez que Sinaloa não conseguia satisfazer o excesso de procura. Em consequência, os agricultores pobres passaram a ser a base da cadeia de produção da droga, nomeadamente os que viviam na zona da Sierra Madre, devido ao isolamento da região que facilitava a colheita de culturas ilícitas (Maldonado, 2013). Em 1982, um agente da DEA relatou a existência de um campo de marijuana de dimensão considerável no estado de San Luis Potosi, pertencente a Rafael Caro Quinteo, Ernesto Fonseca e Juan Jose Esparragoza, e outro nos municípios de Las Cienegas e Los Llanitos, no estado de Sonora (Gutierrez,

2011).

Como já foi referido, enquanto o sector agrícola estava a cair em desordem, os negócios ilícitos floresciam; no início, havia apenas um punhado de agricultores para mais tarde se tornar uma indústria nacional (Grillo, 2011).

Em 1969, sob a administração do presidente dos Estados Unidos, Richard Nixon, foi realizada a *Operação Intercetar*, como forma de reduzir o contrabando de marijuana para os Estados Unidos; nos meses seguintes, foi substituída pela *Operação Cooperação,* no âmbito da qual o México aceitou trabalhar em colaboração com eles. Nixon empreendeu um *modus operandi* contra a droga em países estrangeiros que teve um impacto direto na produção de marijuana em Sinaloa, uma vez que os produtores mexicanos viram uma oportunidade de mercado (Grillo, 2011; Craig, 1980). Ao mesmo tempo, a distribuição de terras que estava a ser levada a cabo permitiu que os grandes agricultores obtivessem mais terras, enquanto os agricultores pobres, que representavam mais de 50% da população rural total, viram uma oportunidade de satisfazer as suas necessidades económicas e alimentares. Mais tarde, em 1973, foi criada a Drug Enforcement Administration (DOJ, 2014) como estratégia de combate à droga. De um modo geral, a posição de Nixon em relação às drogas definiu a política americana em relação às drogas durante os 40 anos seguintes (Grillo, 2011).

A história do tráfico de droga no México durante a década de 70 não poderia estar completa sem mencionar o nome de Juan Ramon Matta Ballestero. Servia de elo de ligação entre o cartel da Colômbia e os Estados Unidos através do México, fortalecendo as relações entre os produtores de Sinaloa e dos estados vizinhos com os compradores americanos (Grillo, 2011).

Ao mesmo tempo que o sector agrícola entrava numa fase de declínio com o fim da distribuição de terras e o boom industrial, os produtores rurais de marijuana cresciam em quantidade graças à oportunidade de emprego disponível no negócio ilícito.

Aqueles que não agiam como pequenos produtores encontravam oportunidades de trabalho na colheita e secagem das plantas de marijuana; consta que, em 1984, as culturas ilegais no estado de Chihuahua empregavam mais de dez mil agricultores (El Universial, 2077; Grillo, 2011). Além disso, centenas de crianças eram enviadas para trabalhar no campo, assegurando o sustento económico das suas famílias, como refere o livro de Hernandez (2010), a maioria das pessoas envolvidas no tráfico de droga eram agricultores pobres e sem instrução.

Outro exemplo de como a história do desenvolvimento do tráfico de droga entre os Estados Unidos e o México estava entrelaçada é o facto de, durante a década de 80, o negócio ilegal operado por Miguel Angel Felix Gallardo ter aumentado sem qualquer ação policial ou legal, uma vez que fornecia armas às forças especiais dos Estados Unidos para combater a rebelião que se desenvolvia na Nicarágua (Hernandez, 2010). Ao mesmo tempo que o cartel colombiano entrava em declínio devido ao aumento da vigilância efectuada pelo governo dos EUA (McDoland, 2005; Henderson, 2012), a história do tráfico de droga fortalecia-se no México graças ao apoio do governo mexicano (Andreas, 1998; McDonald, 2005; Hernandez, 2010).

Hernandez (2010) refere como o exército mexicano e a polícia judiciária federal controlavam as culturas ilícitas nos estados do norte, regando ou fumigando as plantações de marijuana de acordo com um acordo previamente estabelecido entre o proprietário da plantação e membros da Procuradoria-Geral do México (PGR) e do exército. Além disso, Ravelo afirma num artigo publicado em 2011(b) que, desde a década de 80, a maioria dos barões da droga mexicanos recebeu benefícios de programas governamentais dirigidos à agricultura e à pecuária, especialmente no estado de Sinaloa. Por exemplo, Sanchez e Sanchez (2010) relataram que entre os beneficiários de subsídios de programas como o PROCAMPO estavam Joaquin *El Chapo* Guzman para milho e sorgo, entre outros, os irmãos Beltran Layva e parentes de Rafael Caro Quintero. Em relação a isso, Max Agustin Correa, líder da Central

Cardenista Rural (CCC), afirmou que, embora um grande número de agricultores não pudesse aceder ao apoio do governo, outros estavam a receber mais benefícios sem cumprir determinados requisitos previamente estabelecidos por lei, como o mínimo de hectares a possuir.

Capítulo 3

3. Uma perspetiva ambiental e geográfica do tráfico de droga

Dedicada à terra agrícola, existe uma grande heterogeneidade de indivíduos, regiões, histórias e processos socioeconómicos que sustentam a estrutura da produção agrícola e o México rural. A crise do sector rural e o cenário internacional do narcotráfico lançam as bases para a criação de um sistema nacional. A partir da figura 3, pode observar-se que os chefes da droga dos anos 70 provinham principalmente de famílias humildes, uma tendência que não foi seguida nos anos seguintes.

Figura 3. Linha do tempo dos chefes da droga por origem e ligações.

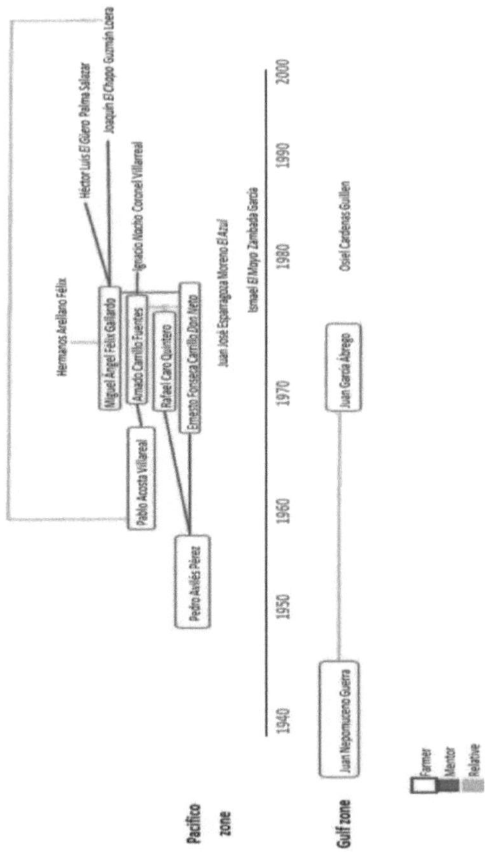

Fonte: Elaboração própria

3.1 De agricultores a traficantes de droga

No que diz respeito ao sector rural, foram criadas muitas políticas de assistência social para combater a pobreza em vez de aumentar a produtividade dos pequenos agricultores; esta tendência para o abandono do sector rural foi observada durante o programa de reforma agrária. O aumento da migração, a pobreza extrema, o fosso socioeconómico entre as comunidades rurais e o esgotamento das terras e dos recursos naturais nas áreas circundantes às comunidades foi o que os agricultores tiveram de superar para sobreviver.

Para efeitos do presente trabalho, a história do tráfico de droga será dividida em dois grandes cartéis, o que controla a zona do Pacífico e o que controla a zona do Golfo. De acordo com Reuter e Ronfeldt (1992), a partir da década de 70 houve um acordo entre empresários criminosos e o governo mexicano, que permitia a venda de mercadorias ilícitas nos Estados Unidos, desde que os lucros obtidos ficassem no México. Em meados da década de 1970, Miguel Angel Felix Gallardo e Juan Garcia Abrego entraram ambos no negócio do tráfico de droga. Atribui-se a Miguel Gallardo o facto de ter sido a primeira pessoa a introduzir a cocaína no mercado.

Osorno (2009) e Ravelo (2009) enquadram o início da história do tráfico de droga em 1950, com Juan Nepomuceno Guerra, o primeiro traficante de droga conhecido no México e fundador do cartel do Golfo. Em colaboração com os seus irmãos Arturo e Roberto, começaram a contrabandear álcool para os Estados Unidos a partir de Tamaulipas durante a década de 30. Quando *a proibição* terminou, por volta de 1960, expandiram as suas operações, entrando no negócio dos indocumentados, dos estupefacientes e da compra e venda de armas. Nepomuceno é famoso por ter matado o filho de Pancho Villa em abril de 1960 (Garza e Puig, 2011). Na década de 70, à procura de um sucessor para o seu negócio, recorreu ao seu sobrinho Juan Garcia Abrego, que mais tarde foi considerado o primeiro chefe do cartel do Golfo.

Garcia Abrego era um humilde filho de um camponês que se tornou um dos homens mais ricos do México. Nascido em San Diego, Califórnia, mudou-se para Matamoros, Tamaulipas; não terminou a escola primária e dedicou a maior parte da sua infância ao trabalho no campo, juntamente com os seus irmãos e o seu pai. Durante a década de 70, Garcia Abrego reforçou a sua relação com o seu tio Nepomuceno Guerra, que o introduziu no negócio ilegal. Nessa altura, Garcia Abrego era considerado um agricultor proeminente que colhia em terras arrendadas e próprias - as pessoas da comunidade diziam que ele era beneficiário de programas governamentais de apoio ao sector rural; foi assim que conseguiu ter mais hectares onde podia colher grandes quantidades de marijuana. A sua dupla nacionalidade ajudava-o a deslocar-se entre os Estados Unidos e o México, facilitando assim o contrabando. De acordo com o registo público de propriedade e comércio do Estado de Tamaulipas, Garcia Abrego possuía mais de 3500 hectares em terrenos rústicos e urbanos (Ramirez, 2011), sendo o máximo permitido por lei 100 hectares por pessoa. Em 1996, Garcio Abrego foi capturado a deixar a praça a Osiel Cardenas Guillen, que antes de se tornar membro do cartel era membro da polícia judiciária federal, onde se dedicava a fazer o trabalho sujo. Em 1993, foi demitido da polícia devido à sua relação com o cartel do Golfo (Campos e Ravelo, 2011).

A história do cartel do Pacífico começa com Pedro Aviles Perez, de quem pouco se sabe. Nascido no início de 1900 na Serra de Durango, desde muito jovem organizou os plantadores de papoilas que lhe forneciam goma da fábrica de papoilas que se deslocava de Culiacan para Mexicali; San Luis Rio Colorado, Sonora, era o centro operacional de toda a região que atravessava a fronteira até Tijuana. Aviles Perez reconheceu a importância das zonas isoladas nas montanhas, transformando-as no centro operacional da sua organização e estabelecendo o modelo operacional central do tráfico de droga no México. Devido ao seu legado, ficou conhecido como o *Leão da Montanha* (Leon de la Sierra). Pedro Aviles foi o mentor de Rafael Caro Quintero e Ernesto Fonseca Carrillo no final da década de 1960 (Velediaz, 2013).

Antigos colegas de trabalho, Rafael Caro Quintero e Ernesto Fonseca Carrillo eram ambos nascidos no estado de Sinaloa, Caro Quintero a 3 de outubro de 1952 numa pequena cidade conhecida como La Noria, Sinaloa. Como a maioria dos camponeses da época, estudou até à escola primária e tornou-se agricultor de milho, feijão e trigo. Oriundo de uma família pobre, o seu pai cultivava e criava animais em terras arrendadas.

Em 1976, quando *a Operação Condor* foi conduzida no estado de Sinaloa, o já estabelecido traficante de droga Caro Quintero e outros traficantes de droga mudaram-se para Guadalajara à procura de um lugar melhor para viver. Consequentemente, durante a década de 1980, juntamente com Miguel Angel Felix Gallardo e Ernesto Fonseca Carrillo, fundou o *Cartel de Guadalajara,* considerado um dos primeiros cartéis de droga do México; o cartel trabalhava em colaboração com os cartéis da Colômbia. Em 1982, estimava-se que tinha acumulado uma fortuna de 100 mil milhões de dólares americanos; até Caro Quintero ser preso a 4 de abril de 1985 em San José, Costa Rica. Durante uma entrevista que lhe foi feita por Julio Scherer em 2011, Caro Quintero declarou que a pobreza e a falta de oportunidades de emprego o levaram a entrar no negócio da droga quando tinha vinte e poucos anos (Scherer, 2011).

Ernesto Fonseca Carrillo, também conhecido como *Don Neto,* nasceu em Sinaloa em 1942. O pai de Fonseca Carrillo era um agricultor que se dedicou ao cultivo de papoilas como forma de complementar o rendimento da família. Em 1973, Fonseca Carrillo semeou as primeiras três toneladas de marijuana em El Dorado, Sinaloa, e em 1978 tornou-se traficante de droga, trabalhando sob o comando de Pedro Aviles Perez. Foi preso em 1985 em Puerto Vallarta, Jalisco (Velediaz, 2013). Introduziu o seu sobrinho Amado Carrillo no negócio do tráfico de droga em meados dos anos setenta, enviando-o para Ojinaga, Chihuahua, para trabalhar em colaboração com Pablo Acosta.

Amado Carrillo Fuentes ou *El Senor de los Cielos,* nasceu a 17 de dezembro de 1956. Oriundo de uma família humilde, o seu pai trabalhava no engenho de açúcar local

(Hernandez, 2010) e não tinha dinheiro para pagar os cuidados médicos, pelo que os filhos da Sra. Aurora Fuentes nasceram em casa. Amado Carrillo não terminou a escola primária; abandonou-a para ajudar a mãe a ordenhar vacas, colher feijão, milho e legumes. Aos 17 anos, cansado da pobreza e do trabalho árduo (Ambriz, 2011), mudou-se para a Cidade do México à procura de uma vida melhor. Depois, em 1975, mudou-se para Chihuahua seguindo as ordens do seu tio para trabalhar em colaboração com Pablo Acosta Villarreal, também conhecido como *A Raposa Ojinaga* (Gutierrez, 2011; Ravelo, 2011).

Acosta Villareal foi um antigo agricultor na década de 1960, um dos cinco chefes da droga *da velha guarda* em 1975. Foi mentor de Amado Carrillo Fuentes. Em colaboração com Ernesto *Don Neto* Fonseca e Jaime Herrera Nervarez, foram os precursores do cartel de Juarez. Pablo Acosta morreu a 24 de abril de 1987 durante uma operação da polícia judiciária federal (Gutierrez, 2012).

Ao contrário de outros chefes da droga, Amado tentou desenvolver uma relação de trabalho com o governo mexicano. Para isso, propôs o seguinte: primeiro, liberdade e proteção para a sua família em troca de 50% das suas propriedades. Em segundo lugar, ele serviria como um "homem de negócios", não vendendo drogas dentro do país. Em terceiro lugar, lutaria contra as organizações "desorganizadas" do narcotráfico e, em quarto lugar, traria dólares americanos para o país, a fim de impulsionar a economia mexicana (Ravelo, 2011). Amado Carrillo foi preso pela primeira vez a 29 de dezembro de 1989 (Gutierrez e Ramirez, 2011) e morreu a 4 de julho de 1997 durante uma intervenção de cirurgia plástica, estimando-se que tenha acumulado uma fortuna de 20 mil milhões de dólares americanos à data da sua morte (Ambriz, 2011). Foi mentor de Ignacio Coronel Villarreal.

Pouco se sabe sobre Ignacio *Nacho* Coronel Villarreal, considerado um dos mais importantes chefes da droga em Sinaloa. Nasceu a 1 de fevereiro de 1954, mas o local é desconhecido. Num artigo escrito por Ravelo (2011), este situa-o na década de 80 como traficante de droga. No entanto, o primeiro mandado conhecido contra ele é de dezembro de 2003.

Miguel Ángel Félix Gallardo, apelidado de *"O Deusdeiro"*. Nasceu em 1946 em Bellavista, Culiacan; os seus pais trabalhavam como *peones*[5] e ele tinha oito irmãos. Desde muito jovem, demonstrou aptidões para o comércio e as vendas. Felix Gallardo costumava trabalhar como "varillero" ou vendedor ambulante, indo de rancho em rancho com uma caixa cheia de tecidos, linhas e botões; com o dinheiro ganho, comprava queijo e frango aos agricultores locais para vender na cidade. Astutamente, em 1966, entrou para a Polícia Judiciária do Estado e trabalhou como guarda-costas do governador de Culiacan, Leopoldo Sanchez Cetis. Mais tarde, tornaram-se amigos íntimos. Em 1968, começou a trabalhar no negócio do tráfico de droga; o primeiro mandado de captura registado contra ele devido a negócios ilegais é de 1971 (Pinchetti, 2011). Miguel Angel Felix Gallardo foi um dos primeiros a envolver-se no negócio da cocaína, um negócio que exige muito capital mas menos mão de obra, ao contrário da marijuana, que exige muitos agricultores para a colheita e pouco capital. Felix Gallardo foi capturado em Guadalajara, Jalisco, a 8 de abril de 1989, com uma fortuna calculada em 50 milhões de dólares americanos e propriedades no México e na América Latina. Felix Gallardo foi o mentor de Juan Jose Esparragoza, Hector Luis *El Guero* Palma Salazar e Joaquin *El Chapo* Guzman Loera, que trabalhou como seu motorista pessoal (Hernandez, 2010). Além disso, ajudou os irmãos Arellano Felix a trabalhar no negócio do tráfico de droga, embora nunca tenham trabalhado sob a autoridade de Felix Gallardo. A mãe do clã Arellano Felix era prima em primeiro grau de Miguel Angel Felix Gallardo; Alicia Felix Zazueta era a chefe da organização e a responsável por todas as decisões. Os irmãos Arellano Felix nasceram em Culiacan, Sinaloa, e mudaram-se para Tijuana, Baja California, no final dos anos 80, para fundar o *Cartel de Tijuana* (Belmont, 2011).

Com um perfil mais baixo encontra-se Juan José *El Azul* Esparragoza Moreno; natural de Huixiopa Badiraguato, Sinaloa, nascido a 3 de fevereiro de 1949, e

---

[5] Trabalhador que trabalha em coisas materiais que não requerem arte ou habilidade

atualmente o único sobrevivente do que se pode chamar a primeira geração de grandes senhores da droga de 1949 (Ravelo, 2011). Em 1970, entrou para o Departamento Federal de Segurança (DFS), cujos comandantes eram amigos de Felix Gallardo, Caro Quintero e Fonseca Carrillo. Em 1979, envolveu-se no negócio do tráfico de droga em colaboração com os três chefes da droga anteriormente referidos. Alega-se que a sua mulher, Maria Guadalupe Gastelum Payan, recebeu mais de $3 milhões de pesos mexicanos através de um programa governamental destinado a promover o investimento e o desenvolvimento económico do estado de Sinaloa nos últimos anos (Hernandez, 2010). No seio da família Esparragoza Moreno, os laços com o tráfico de droga incluem Arturo Beltran Leyva, irmão do marido da sua filha, e Ismael Zambada, padrinho de um dos seus filhos. *O Azul* foi preso em 1985 e libertado em 1993, após o que pouco se sabe sobre ele. No entanto, durante o governo de Calderón, foram encontradas pelo menos 32 casas em seu nome (Hernandez, 2010).

Outro traficante de droga que merece ser mencionado é Ismael *El Mayo* Zambada Garcia. Não se sabe muito sobre a sua juventude e o que se sabe não pode ser corroborado. Nasceu numa aldeia conhecida como El Alamo, em Culiacan, Sinaloa. Numa biografia feita por Hernandez (2010), afirma-se que era um agricultor pobre quando entrou no negócio do tráfico de droga graças a José Ines Calderón Quintero, que foi um importante contrabandista local entre 1970 e 1980 (Scherer, 2010). No entanto, antes de entrar no negócio do tráfico, consta que trabalhava numa loja de móveis e ganhava o salário mínimo. No entanto, desde 1980, é considerado um dos mais importantes chefes da droga na história do México (Ravelo, 2011) e atualmente o traficante de droga mais experiente no negócio.

Capítulo 4

4. *Narco* pobreza, o dilema das explorações agrícolas: culturas legais ou ilícitas?

Josefina Stubbs, Diretora da Divisão para a América Latina e Caraíbas do Fundo Internacional de Desenvolvimento Agrícola

Narcopobreza ou *narcocultura* são termos cunhados pela imprensa mexicana e depois cooptados pelo meio académico. Não existe uma definição correta, mas é utilizada para referir algumas consequências do tráfico de droga na população com baixos rendimentos (Alvarado e Serrano, 2010). Além disso, é utilizada para designar uma nova escala de pobreza que pode ser definida como tendo uma taxa de analfabetismo mais elevada, altos níveis de conflitos fundiários, execuções, aquisição de armas pesadas, elevado consumo de álcool, altos níveis de violência contra as mulheres, emergência de bandos criminosos, conflitos comunitários acrescidos, deslocações forçadas e aumento da *"migração interna"* (McDonald, 2012). O tráfico de droga representa um duplo risco: por um lado, um estímulo à violência, à corrupção e à sujeição económica e, por outro, um pretexto para ocupar à força as terras dos agricultores (De la Cruz, 2009; Reforma, 2011).

O grau de risco no mercado clandestino de drogas tem sido definido não apenas por atividades legais, mas também por práticas ilegais dentro das brechas da interpretação legal. Complementando o que De la Cruz (2009) e Zamora (2011) apresentam sobre como a *necessidade* entre as comunidades rurais forçou-as a migrar para fora da região e aumentou os níveis de violência. No México, durante a última década, o papel da autoridade do Estado combinado com a pobreza, a fome e a falta de controlo governamental fez com que os agricultores se voltassem para o cultivo de culturas ilícitas como forma de fazer face às suas necessidades devido à falta de recursos.

Tradicionalmente, desde a implementação do programa de distribuição de terras, os agricultores costumavam colher de acordo com a estação do ano, enquanto o Estado se encarregava da comercialização; em outras palavras, a reforma agrária permitiu que os agricultores vivessem com os lucros obtidos com a venda de suas colheitas, cujos preços de mercado eram regulados pelo governo. No entanto, a partir da década de 40, os pequenos agricultores tiveram de ajustar os seus métodos para colher o que o mercado exigia, por exemplo, a elevada procura de algodão entre 1940 e 1950, o que levou a uma sobreutilização das terras e, subsequentemente, a uma degradação ambiental (Zamora, 2011). Neste sentido, o governo não previu as possíveis consequências que ocorreram com a eliminação do modelo anterior estabelecido pelo programa de distribuição de terras, que foi substituído por um modelo económico ilegal baseado na colheita de culturas ilegais, levando assim ao estabelecimento do tráfico de drogas. De acordo com Velarde (2006), o desemprego, os empregos mal remunerados e a falta de educação tornam os jovens agricultores mais propensos a trabalhar para as organizações de tráfico de droga.

Entre 1970 e 1980, enquanto os benefícios proporcionados pelo programa de distribuição de terras *(reforma agrária)* foram gradualmente suprimidos, as restantes terras disponíveis foram distribuídas e, consequentemente, o número de agricultores envolvidos em actividades agrícolas, ou o número de pessoas categorizadas no sector rural duplicou (ver quadro 4 em anexo), uma tendência que não se repetiu em períodos anteriores ou posteriores. No entanto, é importante considerar que a maior quantidade de terra distribuída entre 1971 e 1982 foi de pastagens (ver quadro 1 em anexo) que não são consideradas economicamente produtivas, não satisfazendo assim as necessidades de produção existentes entre os agricultores. Além disso, o governo não implementou uma política complementar ao mesmo tempo, para aliviar qualquer possível consequência causada pelo fim da reforma agrária. Este último ponto beneficiou os agricultores do programa de distribuição de terras que não contavam com os apoios governamentais anteriores, como subsídios à energia ou à água, e à matéria-prima (Bobinska, 1972). Consequentemente, havia muitos agricultores com a sua própria terra mas sem os recursos económicos para a trabalhar. Nessa altura, os agricultores que já trabalhavam em culturas ilícitas encontravam mão de obra e terra à sua disposição, juntamente com as necessidades económicas dos agricultores que recebiam o último benefício do programa de distribuição de terras e tinham necessidade de sustentar as suas famílias.

Como já foi referido, as políticas desenvolvidas para o sector rural centraram-se mais no combate à pobreza através de programas alimentares que, na realidade, não preencheram o vazio socioeconómico existente nem o estimularam produtivamente. A tendência contínua de abandono do campo é visível em todo o programa de distribuição de terras.

Os agricultores tiveram de enfrentar as seguintes situações que, combinadas, desencadearam a viragem para as culturas ilícitas. Como se pode ver, o cenário em que surgiram os senhores da droga foi marcado pela combinação de factores como a migração, a pobreza, as diferenças socioeconómicas existentes entre as comunidades rurais e o esgotamento da terra e dos recursos naturais nas comunidades rurais. Com base em estudos sobre o desenvolvimento da pobreza e da desigualdade, como o efectuado por Lustig e Szekely (1997), verifica-se que, em 1968, 56,7% das pessoas viviam em condições de pobreza extrema e que, em 1977, esse número desceu para 34%, o que pode ser atribuído ao aumento das culturas ilícitas.

Nesse sentido, o dilema dos agricultores era - e continua a ser - entre colher milho, doar as suas terras ou colher canábis. Estima-se que num terço do território mexicano se colhem culturas ilícitas, gerando cerca de 9 milhões de dólares americanos de lucros, em contraste com os 8,2 milhões de dólares americanos obtidos pelo milho no México. Estima-se que existam cerca de 30 mil hectares de marijuana no México e o milho é utilizado para cobrir as culturas ilegais: como consequência, os agricultores são os que estão expostos a punições criminais como a prisão. O grau de risco traduz-se depois no preço que recebem pelas culturas ilegais, que é 16 vezes superior ao da baunilha, da amêndoa ou de outras culturas comerciais (Sanchez e Sanchez, 2010).

Enquanto o governo não reconhecer que a terra é um dos principais factores de estímulo ao tráfico de droga, a sociedade mexicana terá de continuar a enfrentar as terríveis consequências do fenómeno.

Apêndices

Gráfico 1. População por sector económico

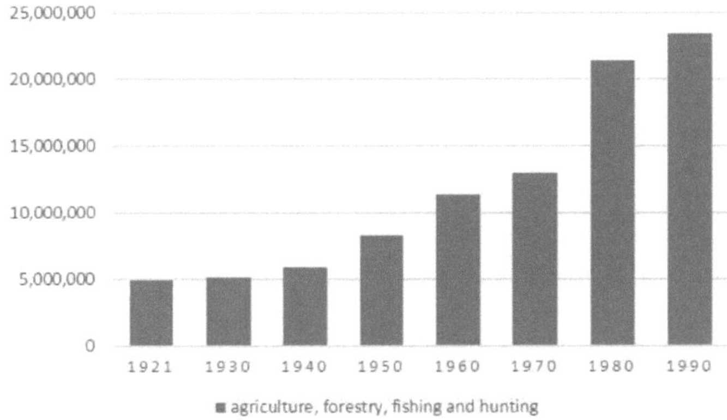

Fonte: Estatísticas históricas do México, volume I. Instituto Nacional de Estatística e Geografia (INEGI)

Gráfico 2: Beneficiários de concessões de terras por mandato presidencial, milhares de pessoas

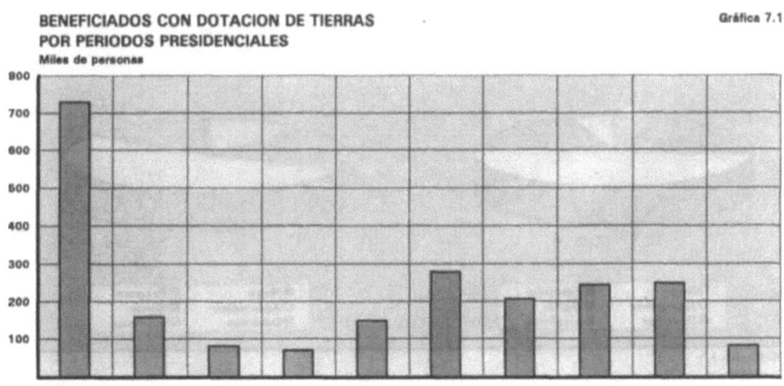

Fonte: Estatísticas históricas do México, volume I. Instituto Nacional de Estatística e Geografia (INEGI)

Gráfico 3. Atribuição de terras para mandatos presidenciais, Hectares

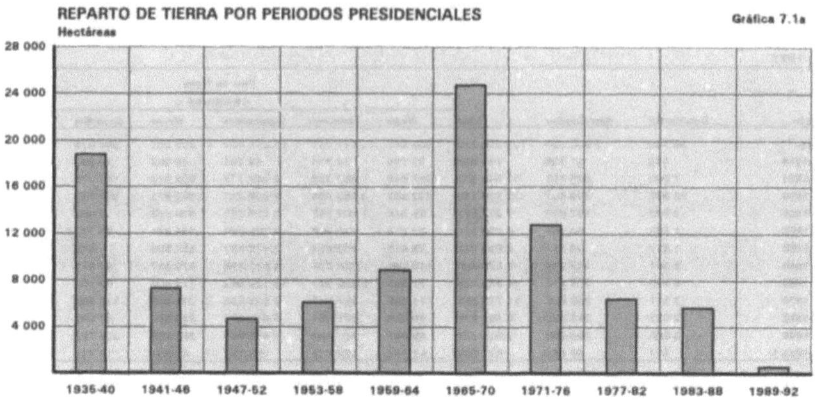

Fonte: Estatísticas históricas do México, volume I. Instituto Nacional de Estatística e Geografia (INEGI)

Tabela 1. Atribuição de terras por mandatos presidenciais por estado federado

Agrarian Reform Allocation of land and type of land beneficiaries as presidential terms									
				Type of land (hectares)					
Period	Endowments	Beneficiaries	Total	Irrigation	Temporal	Pasture	Mount	Desert	undefined
1915-1934	7,000	866,161	11,580,833	247,645	1,387,258	2,046,772	1,509,623	189,376	6,200,159
1935-1940	10,975	728,847	18,786,131	937,401	3,382,696	9,438,337	3,692,972	302,539	1,032,186
1941-1946	3,575	157,816	7,287,697	95,844	1,007,955	3,925,151	1,410,933	9,480	838,334
1947-1952	1,999	80,161	4,633,321	62,212	738,268	2,665,085	834,491	36,733	296,532
1953-1958	1,917	68,317	6,056,773	78,618	902,624	2,973,597	632,685	898	1,468,351
1959-1964	2,341	148,238	8,870,430	158,985	1,354,374	5,527,498	579,247	17,612	1,232,714
1966-1970	4,420	278,214	24,738,199	71,821	2,039,807	16,124,843	1,773,604	82,153	4,645,971
1971-1976	2,311	205,999	12,773,888	111,098	657,243	7,533,326	343,605	171,699	3,956,917
1977-1982	3,563	243,350	6,397,595	79,654	871,084	4,012,597	220,677	42,502	1,171,081
1983-1988	3,565	248,486	5,626,227	83,091	537,843	3,456,346	293,608	224,193	1,031,146
1989-1992	387	80,692	551,869	41,143	129,826	195,152	42,230	17,929	125,589

Fonte: Secretaria da Reforma Agrária, direção geral de informação e documentação agrícola.

Tabela 2. Reforma agrária, atribuição de terras e tipo de beneficiários por mandato presidencial

Allocation of land by presidential terms by federal state Hectares											
	1915-1934	1935-1940	1941-1946	1947-1952	1953-1958	1959-1964	1965-1970	1971-1976	1977-1982	1983-1988	1989-1992
Total	**11,580,833**	**18,786,131**	**7,287,697**	**4,633,321**	**6,056,773**	**8,870,430**	**24,738,199**	**12,773,888**	**6,397,595**	**5,626,227**	**551,869**
Aguascalientes	77,824	121,971	45,143	9,854	8,516	4,725	6,676	91	11,472	401	-
Baja California	-	169,234	207,172	5,943	32,821	105,849	4,161,961	811,129	147,259	202,406	26,707
Baja California Sur	24,694	24,964	8,185	12,674	-	41,836	1,678,063	3,765,192	219,340	428,520	8
Campeche	270,044	1,472,103	20,555	7,980	62,864	266,432	513,083	144,186	268,504	326,536	3,508
Coahuila	309,087	1,051,053	233,115	226,709	161,418	876,028	3,147,708	616,868	208,434	356,923	33,253
Colima	24,533	100,683	19,081	12,021	26,510	56,964	37,436	15,161	25,466	1,847	160
Chiapas	2,244	30,247	26,988	29,381	164,966	102,494	139,240	29,470	65,833	388,401	88,011
Chihuahua	1,945,414	1,281,225	587,054	317,320	1,187,424	1,288,933	2,103,244	1,151,633	224,091	250,479	19,033
DistritoFederal	23,674	6,762	4,222	19,399	6,913	62	24	21,222	1,954	1,652	4,621
Durango	847,011	1,394,661	417,659	547,492	328,602	940,910	1,943,850	1,082,955	746,702	321,029	8,017
Guanajuato	224,992	636,533	70,682	46,936	32,370	82,397	62,847	78,865	15,785	249,969	7,920
Guerrero	509,966	569,203	226,033	779,010	746,656	610,083	1,127,862	157,104	183,404	87,777	1,532
Hidalgo	473,746	266,051	50,103	22,702	23,821	58,496	164,037	23,869	41,316	15,133	4,859
Jalisco	359,391	1,020,173	172,152	199,644	373,551	387,836	453,995	210,528	281,181	70,057	23,131
México	521,542	341,083	85,495	46,729	20,434	54,247	93,820	2,933	20,275	39,986	4,895
Michoacán	308,017	1,074,750	291,794	119,830	194,038	246,758	240,348	96,678	169,880	174,768	3,910
Morolos	225,949	66,951	16,509	13,097	7,272	400	8,337	3,251	12,095	1,112	574
Nayarit	130,097	448,956	137,608	137,187	135,533	174,522	884,087	95,406	50,735	27,145	141
NuevoLeón	160,480	674,125	207,480	167,336	134,106	66,389	246,627	149,114	194,059	33,899	19,532
Oaxaca	163,987	597,866	586,557	512,010	869,580	519,877	1,699,837	965,437	354,360	22,863	9,238
Puebla	630,968	389,821	150,754	63,472	40,650	37,673	110,954	58,661	94,035	36,983	6,467
Querétaro	131,864	291,264	14,860	17,544	13,511	42,407	21,114	2,845	40,969	36,675	200
QuintanaRoo	14,793	433,614	1,075,288	-	10,382	171,844	301,429	246,386	305,790	216,568	29,505
SanLuisPotosí	935,863	1,752,461	364,716	74,095	74,094	159,824	219,817	167,242	275,621	100,317	19,289
Sinaloa	187,728	619,105	188,242	176,015	167,255	642,412	866,575	390,319	553,173	124,748	5,966
Sonora	-	-	50,876	132,162	-	42,508	108,256	289,714	83,780	742,380	12,252
Tabasco	28,970	460,257	14,720	8,483	21,801	117,688	230,014	62,892	101,364	22,691	22,992
Tamaulipas	204,509	537,476	498,767	177,566	124,628	222,738	419,273	222,227	212,171	108,061	35,822
Tlaxcala	88,706	98,589	10,873	862	389	2,205	865	20,279	8,272	1,416	993
Veracruz	552,115	516,750	124,503	124,172	259,411	325,070	647,917	279,858	138,250	89,617	21,057
Yucatán	734,000	520,900	358,769	68,984	46,532	74,899	461,345	47,816	73,852	42,180	1,290
Zacatecas	784,321	927,073	454,089	300,757	249,513	253,822	572,218	185,289	126,527	72,544	11,398
No especificado	684,304	890,227	567,653	255,955	531,212	892,102	2,065,340	1,379,268	114,164	103,114	125,588

Fonte: Secretaria da Reforma Agrária, direção geral de informação e documentação agrícola. Dados até 21 de fevereiro de 1992.

Tabela 3. Beneficiários de subsídios à terra por mandato presidencial e por estado

Beneficiaries of land grants by presidential term and by state											
Hectares											
	1915-1934	1935-1940	1941-1946	1947-1952	1953-1958	1959-1964	1965-1970	1971-1976	1977-1982	1983-1988	1989-1992
Total	**866,161**	**728,847**	**157,816**	**80,161**	**68,317**	**148,238**	**278,214**	**205,999**	**243,350**	**248,486**	**80,692**
Aguascalientes	6,842	5,624	1,402	416	48	44	145	20	2,051	922	50
Baja California	-	5,766	277	189	478	2,856	1,859	1,659	1,488	909	719
Baja California Sur	5,327	532	-	232	-	526	896	3,081	1,998	-	176
Campeche	7,701	9,269	401	107	1,052	3,577	4,029	2,379	7,624	1,640	1,193
Coahuila	14,629	41,629	3,811	2,391	1,000	2,815	9,180	2,900	2,906	-	-
Colima	2,419	4,807	1,199	319	418	2,987	574	1,230	1,315	714	134
Chiapas	181	2,488	2,145	964	5,206	2,336	3,654	1,501	2,668	30,452	7,718
Chihuahua	30,343	16,958	6,747	945	3,041	12,334	14,154	11,343	9,099	-	2,045
DistritoFederal	14,900	762	2	514	-	1,720	119	4,913	336	-	3,108
Durango	28,775	25,208	6,284	3,286	1,671	5,289	14,256	14,284	12,740	7,482	-
Guanajuato	31,021	53,943	5,558	1,234	622	2,641	1,873	4,381	2,705	8,438	1,731
Guerrero	38,816	24,449	2,320	6,194	3,178	6,030	16,119	5,893	12,293	8,647	2,974
Hidalgo	48,694	13,257	2,817	956	1,096	4,632	7,640	3,710	10,308	5,812	7,433
Jalisco	53,476	70,478	6,550	2,381	1,438	4,809	5,306	7,368	8,896	989	797
México	112,053	24,502	3,854	895	235	3,574	9,458	2,591	5,309	7,955	2,505
Michoacán	48,281	72,720	9,702	3,279	173	3,796	6,422	5,439	13,532	24,435	5,736
Morolos	19,108	3,576	556	421	-	4	410	670	3,292	7,539	2,905
Nayarit	15,699	18,888	4,982	2,088	358	3,478	9,548	1,932	2,181	15,859	2,326
NuevoLeón	7,428	18,360	4,282	2,395	1,180	704	2,015	2,415	4,603	517	2,855
Oaxaca	25,026	29,490	17,813	15,366	4,745	20,857	58,489	36,161	19,433	33,360	2,980
Puebla	87,415	22,044	3,838	946	1,149	906	5,484	4,448	10,964	13,113	-
Querétaro	9,727	17,988	253	459	51	230	80	246	2,219	243	183
QuintanaRoo	431	1,591	2,874	-	356	3,608	3,073	2,752	3,718	5,839	1,712
SanLuisPotosí	43,804	35,765	8,109	1,741	662	1,974	7,180	5,201	15,528	10,213	6,050
Sinaloa	9,305	30,958	6,068	5,741	4,395	14,444	13,716	14,140	19,782	23,972	1,335
Sonora	-	-	41	189	-	117	1,840	1,813	1,257	498	2,286
Tabasco	1,069	28,076	940	536	805	2,761	4,516	853	6,211	3,386	1,984
Tamaulipas	12,835	16,230	10,848	5,964	2,229	3,504	7,902	6,279	7,535	5,604	2,366
Tlaxcala	24,663	8,782	974	95	18	-	-	1,947	3,417	543	6,636
Veracruz	55,964	42,581	10,163	6,981	12,775	15,079	26,977	20,337	16,465	15,162	9,431
Yucatán	39,357	27,198	9,642	3,206	1,040	2,101	11,595	1,307	5,015	3,888	-
Zacatecas	34,519	22,925	8,451	2,794	1,980	2,746	7,942	5,278	5,915	10,355	1,324
No especificado	36,353	32,003	14,913	6,937	15,357	15,759	21,763	27,528	20,547	-	-

Fonte: Secretaria da Reforma Agrária, direção geral de informação e documentação agrícola.

Quadro 4. População por sectores económicos

Population by economic sectors								
Sector	1921	1930	1940	1950	1960	1970	1980	1990
agriculture, forestry, fishing and hunting	4,883,561	5,165,803	5,858,116	8,271,093	11,332,016	12,955,057	21,393,250	23,403,413
oil and extractive industry	3,488,102	3,626,278	3,830,871	4,823,901	6,143,540	5,103,519	5,519,979	5,300,114
processing industry	26,890	51,246	1,106,706	97,143	141,530	180,175	505,188	260,515
construction	534,428	692,161	639,607	972,542	1,556,091	2,169,074	2,533,519	4,493,279
Power generation and distribution	-	-	-	224,512	408,279	571,006	1,271,895	1,594,961
electric	-	-	-	24,966	41,443	53,285	114,224	154,459
commerce	273,902	273,841	552,467	684,092	1,075,174	1,196,878	1,717,192	3,875,100
transport	58,974	107,052	149,470	210,592	356,939	368,813	670,710	1,045,392
services	58,343	52,694	223,749	879,379	1,527,229	2,158,175	2,495,312	4,947,353
government	63,074	153,343	191,588	-	-	406,607	314,498	928,358
not specified	379,848	209,188	163,658	354,966	81,791	747,525	6,250,733	803,872

Fonte: Estatísticas históricas do México, volume I. Instituto Nacional de Estatística e Geografia (INEGI)

Referências

Alba, F. (1998). *A crise econónica do México em 1982.* Ministério dos Negócios Estrangeiros e Comissão dos Estados Unidos para a Reforma da Imigração, Estudo Binacional. Volume 3, Relatórios de investigação e material de apoio, capítulo Respostas à migração, pp. 1223. [Em linha] disponível em: https://www.utexas.edu/lbj/uscir/binpapers/v3c-2alba.pdf recuperado pela última vez em 26 de julho de 2014.

Almazán, M. (1997). *O NAFTA e o Sistema de Estados Mesoamericanos.* The Annals, Vol. 550, março de 1997.

Ambriz, A. (2011). *La alta complicidad.* Articulo publicado en revista Proceso, edicion especial No. 32, Los Rostros del Narco, en circulacion en febrero 2011. Pp. 6567

Andreas, P. (1998). *The Political Economy of Narco-corruption in Mexico.* Current History-New York, publicado em abril de 1998, vol. 97, n.º 618, pp. 160-166

Appendini, K. e Torres, G. (2008). *iRuralidad sin agricultura? Perspectivas multidisciplinarias de una realidad fragmentada.* El Colegio de México, Centro de Estudios Económicos, pp14.

Appendini, K. e De Luca, M. (2006) *Estrategias rurales en el nuevo contexto agrícola mexicano.* Organização das Nações Unidas para a Agricultura e a Alimentação, Roma, Itália. Pp.62

Arizpe, L. (1983). *El éxodo rural en México y su relación con la migración a Estados Unidos.* El Colegio de México, Estudios Socioloogicos. Vol. 1, No. 1, abril 1983, pp. 9-33 [Online] disponible en: http://www.jstor.org/stable/40419718

Banco Mundial. (2010). *Informe sobre seguimiento mundial 2011: Mejorar las posibilidades de alcanzar los Objetivos del Milenio.* [Online] disponível desde junho de 2011, em: http://web.worldbank.org/

Bartra, A. (2010). *Al alba: México y sus campesinos en el gozne de los tiempos*. En Concheiro Bórquez, Luciano y León López, Arturo (coords.) *Espacios públicos y estrategias campesinas ante la crisis en México*. Universidad

Autónoma Metropolitana unidad Xochimilco, México. Pp. 59

Belmont, J. (2011). *Una estirpe matriarcal.* Articulo publicado en revista Proceso, edicion especial No. 32, Los Rostros del Narco, 1era parte, en circulacion Febrero 2011, México: D.F.

Binswanger, H e Deininger, K. (1997). *Explicação das políticas agrícolas e agrárias nos países em desenvolvimento.* Journal of Economic Literature, Vol. XXXV. pp: 19582005.

Bobinska, K. (1972). *Estructura agraria de México después de la realización de la reforma agraria.* Estudios Latinoamericanos 1, pp. 44-100. [Em linha] disponível em: http://www.ikl.org.pl/Estudios/EL01/el01_02_bob.pdf

Boyer, C. (2003). *Becoming Campesinos: Politics, Identity, and Agrarian Struggle in Postrevolutionary Michoacán, 1920-1935.* Stanford, Stanford University Press, 2003) 320 pp.

Bueno, C. (1994). *Migración indígena a la construcción de vivienda en la ciudad de México.* Nueva Antrolpologia, vol. XIV, No. 46: 7-23

Bustamante, T. (1994). *Estrategias de sobrevivencia campesina en los procesos de modernización agrícola: El caso de Tierra Caliente, Guerrero*. Publicado em Revista, Economía-teoría y Práctica. Universidad Autónoma Metropolitana, No. 2 Nueva Época. 1994. México, Pp. 2.

Camarena, J. (2013). *La economia detras del narcotrafico.* Articulo publicado en El Economista. 10 de Enero de 2013. [Online] disponível em: http://eleconomista.com.mx/sociedad/2013/01/08/economia-detras-narcotrafico

Campos, L. e Ravelo, R. (2011). *Desde joven.* Articulo publicado en revista Proceso, edicion especial No. 33, Los Rostros del Narco, 2da parte. Em circulação em março de 2011, pp. 64-66

Christodoulou, D. (1990). *The unpromised land: agrarian reform and conflict worldwide.* Londres, Reino Unido; Atlantic Highlands, N.J., EUA: Zed Books, 1990, pp. 236

Conselho de Relações Exteriores. (2014). *A guerra do México contra a droga.*

Publicado em 5 de março de 2014. [Em linha] disponível em: http://www.cfr.org/mexico/mexicos-drug- war/p13689. Última recuperação, 19 de setembro de 2014.

Conselho de Relações Exteriores CFR. (2014b). *Lei Harrison sobre o imposto sobre estupefacientes de 1914*. Tráfico e controlo de drogas. [Em linha] disponível em: http://www.cfr.org/drug- trafficking-and-control/harrison-narcotics-tax-act-1914/p27928. Última recuperação em 30 de agosto de 2014.

Craig, R. (1980). *Operation Intercept: the International Politics of Pressure*. Publicado em linha pela The Review of Politics em 05 de agosto de 2009. vol. 42, número 4 [Online] disponível em: http://www.jstor.org/stable/1406640. Recuperado em 1 de setembro de 2014.

Davila, P. (2011). *El casorio con Emma I.* Articulo publicado en revista Proceso, edición especial No. 33, Los Rostros del Narco, Mayo 2011

Dawson, A. (1998). *From Models for the Nation to Model Citizens: Indigenismo and the 'Revindication' of the Mexican Indian, 1920-40.* Journal of Latin American Studies, Vol. 30, No. 2 (maio, 1998), pp. 279-308. [Em linha] disponível em: http://www.jstor.org/stable/158527

De la Cruz, T. (2009). *Migración y Narcopobreza.* Repositorio Institucional de la Biblioteca Gerardo Cornejo Murrieta de El Colegio de Sonora en colaboración con el Centro de Derechos Humanos de la Montana Tlachinollan. [Online] disponível en: http://biblioteca.colson.edu.mx:8082/repositorio-digital/jspui/bitstream/2012/19043/1/Nota_Hem_6337.pdf. Recuperado 26 de agosto de 2014.

De Vany, A. e Sánchez, N. (1997). *Property rights, uncertainty and fertility: an analysis of the effect of land reform on fertility on rural México.* Weltwirtschaftliches Archiv 113 (4), 1977. pp: 741-64.

Departamento de Justiça DOJ. (2014). *História da Drug Enforcement Administration.* [Online] disponível em: http://www.justice.gov/dea/about/history.shtml

Diario de Yucatán. (2000). *La Revolución Mexicana.* Artículo publicado 21 de noviembre de 2000, recuperado hemeroteca nombre tomo volumen

El Universal. (2007). *La traición de Camarena.* Articulo publicado el 10 de junio de 2007, [Online] disponível en: http://www.eluniversal.com.mx/estados/64919.html. Recuperado el 2 de septiembre de 2014.

Enciso, F. (2009). *Régimen global de prohibición, actores criminalizados y la cultura del narcotráfico en México durante la década de 1970.* El Colegio de México. Foro Internacional, Vol. 49, No. 3 (197) (Jul. - Set., 2009), pp. 595-637

Organização das Nações Unidas para a Alimentação e a Agricultura. (2014). *Máximo histórico no milho importado para o México.* [Online] disponível em: http://www.fao.org/agronoticias/agro-noticias/detalle/en/c/212224/. Recuperado pela última vez em 26 de agosto de 2014.

Garza, L. A. e Puig, C. (2011). *Cae el Viejo.* Articulo publicado en revista Procesos edicion especial No. 33, Los Rostros del Narco, 2da parte, en circulacion marzo 2011.

Governo de México. (2014). *Tierras Ejidales.* Disponível: http://www.tribunalesagrarios.gob.mx/wp4/?p=884 . Último acesso em 28 de julho de 2014

Gómez, F. (2005). *Documental Los ninos y la amapola.* Periodico el Universal, publicado sábado 5 de octubre 2005. Recuperado em 22 de agosto de 2014.

Grammont, H. (1996). *Neoliberalismo y organización social en el campo mexicano.* Plaza y Valdés, México.

Grillo, I. (2011). *El Narco: The bloody rise of Mexican Drug Cartels [A ascensão sangrenta dos cartéis de droga mexicanos].* Bloomsbury Publishing Inc. Londres, pp. 55-389

Gutierrez, A. e Ramirez, I. (2011). *Los Rostros del Narco: El escurridizo.* Articulo publicado na revista Proceso, ano 34 numero 32 primera parte

Guiterrez, A. (2011). *Los Rostros del Narco, 1era y 2da parte.* Articulos publicados en la Revista Proceso, edición especial No. 32 y 33, en circulacion Febrero y Marzo 2011

Gutierrez, A. (2012). *Pablo Acosta Villareal: morir en tres actos.* Articulo publicado en Al Margen, 23 de abril de 2012. [Online] disponível em: http://almargen.com.mx/pablo-acosta-villarreal-morir-en-tres-actos/. Recuperado 27 de agosto, 2014.

Henderson, J.D. (2012). *Victima de la globalizacion : la historia de como el narcotráfico destruyo la paz en Colombia.* Siglo del Hombre Editores, Universidad Autonoma de Sinaloa, pp. 382: 109-213

Hernandez, A. (2010). *Narcolândia: os senhores da droga mexicanos e os seus padrinhos.* Casa Randome Mondadori. Pp. 57-599

Hernandez, E. (2010). *Cosechan beneficios desiguales en el campo.* Articulo publicado en Diario El Universal, 15 de febrero de 2010. [Online] disponível em: http://www.eluniversal.com.mx/nacion/175667.html. Recuperado em 27 de agosto de 2014.

Instituto Nacional de Estadística y Geografía INEGI. (2014). *Censo agrícola-ganadero de 1991.* Censo Agropecuario. [Online] disponível com permissão em: http://www.inegi.org.mx/est/contenidos/proyectos/accesomicrodatos/cag1991/default.aspx

Instituto Nacional de Estatística e Geografia INEGI. (2010). *Hablantes de lengua indígena en México.* [Online] disponível en: http://cuentame.inegi.org.mx/hipertexto/todas_lenguas.htm

Instituto Nacional de Estatística e Geografia INEGI. (2007). *Censo Ejidal IX.* [Online] disponível en: http://www.inegi.org.mx/est/contenidos/proyectos/agro/ca2007/resultados_ejidal/default.aspx. Recuperado em 20 de agosto de 2014.

Joseph, G. e Nugent, D. (1994). *Popular Culture and State Formation in Revolutionary Mexico [Cultura Popular e Formação do Estado no México Revolucionário].* Em Everyday Forms of State Formation: Revolution and

Negotiation of Rule in Modern Mexico, ed. Gilbert M. Joseph e Daniel Nugent (Durham, EUA). Gilbert M. Joseph e Daniel Nugent (Durham, NC: Duke University,1994),3-23.

Junta Internacional de Fiscalizacion de Estupefacientes JIFE. (2011). *Informe Anual 2010.* Naciones Unidas contra la Droga y el Delito. [Online] disponível em: http://www.unodc.org/lpo-brazil/es/drogas/jife.html

Kehoe, T. e Meza, F. (2010). *Catch up Growth followed by Stagnation: México 19502010.* Revista Latino-Americana de Economia, Vol. 48, No. 2, SYMPOSIUM: Two Centuries of Economic Growth: A América Latina na comemoração do seu Bicentenário. [Online] disponível em: http://www.jstor.org/stable/41959232 recuperado pela última vez em 1 de agosto de 2014.

Lustig, N. e Szekely, M. (1997). *México: Evolucion economica, pobreza y desigualdad.* Trabalho desenvolvido em colaboração com o Programa das Nações Unidas para o Desenvolvimento, o Banco Americano de Desenvolvimento e a Organização para a Cooperação e Desenvolvimento Económico, Washington D.C. [Em linha] disponível em http://fundacionmerced.org/bibliotecadigital/wp-content/uploads/2013/05/M%C3%A9xico-Evoluci%C3%B3n-econ%C3%B3mica-pobreza-y- desigualdad-Lustig.pdf. Recuperado em 20 de setembro de 2014.

Lustig, N. (1987). *Crise económica e nível de vida no México: 1982-1985.* El Colegio de Mexico, Estudios Economicos, vol. 2, No. 2 (4), pp. 308-309. [Em linha] disponível em: http://www.jstor.org/stable/40311217

Maldonado, S. (2013). *Histórias do tráfico de drogas no México rural: territórios, drogas e cartéis em Michoacan.* El Colegio de Michoacan, publicado em European Review of Latin American and Caribbean Studies. N.º 94, abril de 2013, pp. 43-66

McDonald, J. (2005). *The Narcoeconomy and Small-town, Rural Mexico.* Human organization, Vol. 64, No. 2, Society for Applied Anthropology.

Milenio Digital. (2014). *Michoacan, siete anos de homicidios al alza.* [online] disponível em: http://www.milenio.com/policia/alza-homicidios-dolosos-Michoacan-autodefensas-violencia-delincuencia-crimen-organizado-narco_0_226177889.html

Musto, D. F. (1987). *The History of Legislative Control over Opium, Cocaine and Their Derivatives.* in Ronald Hamowy ed., *Dealing with Drugs: Consequences over Government Control,* Lexington Mass, Lexington Books, 1987

Naciones Unidas. (2003). *Informe del Relator Especial sobre la situación de los derechos humanos y las libertades fundamentales de los indígenas, Sr. Rodolfo Stavenhagen. Rodolfo Stavenhagen: Derechos humanos y cuestiones indígenas.* Comissão de Direitos Humanos. Questões indígenas: Missão ao México. 60° periodo de sesiones. Pp. 11- 13.

Conselho Nacional de Avaliação da Política de Desenvolvimento Social CONEVAL. (2012). *Medicion de la Pobreza: Resultados de pobreza en México 2012 a nivel nacional y por entidades federativas.* [Online] disponível em: http://www.coneval.gob.mx/Medicion/Paginas/Medici%C3%B3n/Pobreza%20 2 012/Pobreza-2012.aspx. Recuperado pela última vez em 19 de setembro de 2014.

Organização dos Estados Americanos OEA. (2013). *El Problema de las drogas en las Américas: La economia del narcotráfico.* Catálogo em dados de publicação [Online] disponível em: http://www.cicad.oas.org/drogas/elinforme/informeDrogas2013/laEconomicaNarcotrafico_ESP.pdf

Organização para a Cooperação e o Desenvolvimento Económico OCDE. *(2011).Análisis del extensionismo agrícola en México.* Estudio solicitado por SAGARPA en colaboración con el Instituto Interamericano de Cooperación para la Agricultura (IICA). Paris, 01 de Julio de 2011. [Online] disponível em: http://www.sagarpa.gob.mx/desarrolloRural/Documents/EXTENSIONISMO/E

ST UDIO%20OCDE%20EXTENSIONISMO.pdf. Recuperado em 22 de agosto de 2014. Pp4

Osorno, E. (2009). *El cartel de Sinaloa: una historia del uso politico delnarco.* Grijalbo, pp. 317

Paré, L. (1982). *La Politica agropecuario de 1976-1982.* Cuadernos Politicos, numero 33, México D.F. editorial Era, pp. 59-72

Perea, E. (2009). *Más dinero para agro, más déficit en balanza comercial.* Publicado em La Imagen Agropecuaria, Núm. 1 el Lunes 19 de enero de 2009, disponible en revista digital a a partir de junio 2011 pt: http://imagenagropecuaria.com/2009/mas_dinero_para_agro_mas_deficit_en_b alanza _comercial/

Pinchetti, F. (2011). *El hombre mas buscado del mundo.* Articulo publicado en revista Proceso, Los Rostros del Narco edición especial No. 32, Febrero 2011

Prud'homme, J. F. (1995). *El impacto social de las políticas de ajuste en el campo mexicano.* Plaza y Valdés, México.

Procuradoria Agrária PA (2010). *Estadisticas agrarias 2010.* Direção de investigação agrária. Noviembre 2010, México. Censo Nacional de Órganos de Representación y vigilancia, corte julio 2009

Ramirez, I. (2011). *El preso de la cárcel No. 2.* Articulo publicado en la revista Proceso, edición especial no. 33, Los Rostros del Narco, 2da parte, en circulación marzo 2011. Pp60-64

Ramos Pérez, J. (2002). *Hallan en Procampo corrupción.* Articulo publicado en Diario El Universal el 16 de octubre de 2002. [Online] disponível em: http://www.eluniversal.com.mx/nacion/89796.html. Recuperado em 27 de agosto de 2014.

Ravelo, R. (2011). *Poder Creciente.* Articulo Publicado na revista Proceso, edición especial No. 32, ano 34, Los rostros del Narco No. 32 en circulación en febrero 2011

Ravelo, R. (2011b). *Poderoso y en la sombra.* Articulo publicado en la revista

Proceso, edición especial No. 33, Los Rostros del Narco 2da parte, en circulación en Mayo 2011, pp 27.

Ravelo, R. (2009). *Osiel, vida y tragedia de un capo.* Grijalbo, pp239

Rea, D. (2011). *Abel Barrera: Ativista de derechos humanos. Alerta el diretor de Centro Tlachinollan sobre violencia y sujeción económica.* Articulo publicado en periódico Reforma, Junio 26, 2011. Versão [Online] disponível em: http://app.vlex.com/#vid/284815083. Recuperado em 26 de agosto de 2014.

Reuter, P. e Ronfeldt, D. (1992). *A busca da integridade: A questão das drogas entre o México e os EUA na década de 1980.* In Journal of Interamerican Studies and World Affairs, V. 34, No. 3, outono de 1992. Referido por Astorga, L. (1996). *El Siglo de las Drogas.* Primera edición, pp. 185:101-157, México

Robles, G., Calderón, G. e Magaloni, B. (2013). *The Economic Consequences of Drug Trafficking Violence in Mexico (As consequências económicas da violência do tráfico de droga no México).* Poverty and Governance, Universidade de Stanford [Online] disponível em: http://iis-db.stanford.edu/pubs/24014/RoblesCalderonMagaloni_EconCosts5.pdf

Rodriguez, R. (2011). *Los Rostros del Narco, 2da parte.* México, D.F.: Revista Proceso. 4-90.

Rubin, J. (1997). *Decentering the Regime: Ethnicity, Radicalism, and Democracy in Juchitán, Mexico [Etnia, Radicalismo e Democracia em Juchitán, México].* Duke University Press, 328 pp., Estados Unidos

Secretaria de Agricultura, Ganadería, Desarrollo Rural, Pesca y Alimentación SAGARPA. (2014). *Agostaderos, conceptos basicos.* [Online] disponível em: http://www.sagarpa.gob.mx/desarrolloRural/Publicaciones/Lists/CursoTaller%20Desarrollo%20de%20capacidades%20orientadas%20a/Attachments/35/10.pdf

Sánchez, M.E. (2010). *Dilemas de los campesinos pobres ante los efectos del TLCAN: maíz o marihuana.* Ponencia presentada al VIII Congreso

Latinoamericano de Sociología Rural, Porto de Galinhas

Sandos, J.A. (1984). *Northern Separatism During the Mexican Revolution. An Inquiry into the Role of Drug-Trafficking, 1910-1920.* The Americas, vol. 41, no.2, outubro de 1984, p.194

Scherer, J. (2011). *Los Rostros del Narco: El sexo que camina, corre, suena.* Revista Procesos, edición especial, ano 34, No. 32 febrero 2011 y No. 33 Mayo 2011. N.p. 92 México: Distrito Federal

Scherer, J. (2010). *En la guarida del Mayo Zambada, crónica de un encuentro insólito.* Revista Proceso número 1744, 4 de abril de 2010.

Schultze-Kraft, M. (2008). *Narcotráfico na América Latina: Um novo consenso internacional.* Política Exterior, Vol. 22, No. 126 (Nov. - Dez., 2008), pp. 105-114 Publicado por: Estudios de Política Exterior S. A. [Online] disponible en: http://www.jstor.org/stable/20647041

Serrano, M. (2007). *México: narcotrafico y ogbernabilidad.* Pensamineto Iberoamericano, No. 1, pp. 251-278, México: D.F.

Smith, B. (2013). *A Ascensão e Queda do Narcopopulismo: Drogas, política e sociedade em Sinaloa, 1930-1980.* Jornal para o Estudo do Radicalismo, Volume 7, Número 2, outono de 2013, pp. 125-165 (Artigo). Publicado por Michigan State University Press

Smith, B. (2009). *Pistoleros e movimentos populares: The Politics of State Formation in Postrevolutionary Oaxaca.* University of Nebraska Press, 578 pp: 9-10.

Torres, F. (1994). *La agricultura autosustentable en el marco de la integracion comercial de America del Norte*. Problemas de Desarrollo, enero-marzo 1994, Vol. 25, No. 96, 65.

Unger , K. (2005). *Regional economic development and Mexican out-migration (Desenvolvimento económico regional e emigração mexicana).* Documento de trabalho W11432 do Gabinete Nacional de Investigação Económica. [Online] disponível em: http://ssrn.com/abstract=752010. Recuperado pela última vez em 25 de agosto de 2014.

Departamento de Estado dos EUA. (2007). *Escritório de Democracia, Direitos Humanos e Trabalho: México*. Publicado em 6 de março de 2007. Recuperado em junho de 2014 [online] disponível em: http://www.state.gov/j7drl/rls/hrrpt/2006/78898.htm

Vargas, H. (2014). *De como se prohibieron las drogas en Mexico*. Publicado no Confabulario, Periodico El Universal. [Online] disponível em: http://confabulario.eluniversal.com.mx/de-como-se-prohibieron-las-drogas-en-mexico/

Vargas-Hernandez, J. (2005). *Impacto económico e social da evolução recente das políticas e instituições rurais e agrícolas no México*. Instituto Tecnológico de Cd. Guzman. Jalisco, México

Vaughan, M. (1997). *Cultural Politics in Revolution: Teachers, Peasants, and Schools in Mexico,1930-1940*. Tucson: University of Arizona Press,1997

Velediaz, J. (2013). *La muerte de "El León de la Sierra", el primer Padrino del narco*. Articulo publicado en La Pared Noticias. [Online] desponible en: http://laparednoticias.com/la-muerte-de-el-leon-de-la-sierra-el-primer-padrino-del-narco/

Velediaz, J. (2013). *Las andanzas de Don Neto*. Articulo publicado en La Silla Rota. [Online] disponível em: http://lasillarota.com/75998-las-andanzas-de-don- neto#.VBbfUNJDuLU

Verduzco, G. (1984). *Crecimiento urbano y desarrollo regional: el caso de Zamora, Michoacán*. En Revista Interamericana de Planificación, vol. XVIII, num. 71, pp.32

Warman, A. (2001). *La Reforma Agraria Mexicana: una visión de largo plazo*. Organização das Nações Unidas para a Alimentação e a Agricultura (FAO), Departamento de Desenvolvimento Económico e Social. [Em linha] disponível em em: http://www.fao.org/docrep/006/j0415t/j0415t09.htm recuperou pela última vez em 21 de julho de 2014.

Yúnez, A. (2010). *Economía Rural,* en: Ordorica, Manuel y Prud'homme, Jean-

François, *Los grandes problemas de México,* vol. X, El Colegio de México, México, pp. 24.

Zarazúa E., Alberto, J., Vargas, A., Ledesma, G. e Gustavo, J. (2011). *El Programa de Apoyos Diretos al Campo (PROCAMPO) y su impacto sobre la gestión del conocimiento productive y comercial de la agricultura del Estado de México.* Publicado na Revista Agricultura, Sociedad y Desarrollo. Colegio de Postgraduados, México, Enero-abril, pp. 89

Zamora, C. (2011). *Crisis rural, Cambio Climático y Pobreza: Hacia la búsqueda de Alternativas para la definiciónde Políticas Públicas en México.* En colaboración con Oxfam México, lera edición, MExico: D.F.

Zúniga, J. A. (2011). *Se dispara salida de recursos por importación de alimentos.* Publicado no Periódico La Jornada, sábado 4 de junho de 2011, p. 25. [Online] disponível en: http://www.jornada.unam.mx/2011/06/04/economia/025n1eco. Recuperado em 26 de agosto de 2014.

MIX
Papier aus verantwortungsvollen Quellen
Paper from responsible sources
FSC® C105338

Printed by Books on Demand GmbH, Norderstedt / Germany